U0365713

黑龙江建筑职业技术学院
国家示范性高职院校建设项目成果

国家示范性高职院校工学结合系列教材

建筑电气安装工程造价

（工程造价专业）

关秀霞　主编
王林生　徐凤芝　主审

中国建筑工业出版社

图书在版编目（CIP）数据

建筑电气安装工程造价/关秀霞主编．—北京：中国建筑工
业出版社，2009
国家示范性高职院校工学结合系列教材（工程造价专业）
ISBN 978-7-112-11523-5

Ⅰ．建… Ⅱ．关… Ⅲ．房屋建筑设备：电气设备-建筑安
装工程-工程造价-高等学校：技术学校-教材　Ⅳ．TU723.3

中国版本图书馆 CIP 数据核字（2009）第 196134 号

本书以一个建筑电气单位工程施工程序为主线，较为系统地介绍了建筑电气安装工程所涉及的工作内容和相关理论知识，即：电气工程图识读、电气设备与材料采购、建筑电气工程施工与验收、电气安装工程施工图预算编制、电气安装工程竣工结算及审核五个方面知识。本书是高职高专工程造价专业用教材，也可供建筑电气施工人员及有关岗位人员学习参考。

* * *

责任编辑：朱首明　张　晶
责任设计：赵明霞
责任校对：陈　波　陈晶晶

国家示范性高职院校工学结合系列教材
建筑电气安装工程造价
（工程造价专业）
关秀霞　　　　主编
王林生　徐凤芝　主审

*

中国建筑工业出版社出版、发行（北京西郊百万庄）
各地新华书店、建筑书店经销
北京红光制版公司制版
廊坊市海涛印刷有限公司印刷

*

开本：787×1092毫米　1/16　印张：13　字数：323千字
2010年5月第一版　2015年8月第四次印刷
定价：**28.00**元
ISBN 978-7-112-11523-5
（18776）

前　　言

本教材依据高职高专示范性院校专业人材培养方案，结合电气工程造价人员岗位职业能力要求，以系统化工作过程为导向，以电气工程任务接受至工程竣工结算工作过程为主线，模拟真实的职业环境，构建五个真实的教学情境（即工程图纸识读、电气材料与设备的采购、建筑电气安装工程施工与验收、电气安装工程施工图预算编制、电气安装工程竣工结算的编制与审核）13项工作任务。

教材编写的特点是务实。基本理论以"必需"、"够用"为度，将岗位工作能力所需要的专业知识与岗位工作内容融入教材；根据职业岗位群的任职要求，设置实训内容，通过模拟岗位工作角色、完成角色任务，实现实践能力的培养。

教材由关秀霞主编，负责全书构架设计及统稿、定稿。副主编李玉甫、孙景芬。参编人员谷学良、齐燕清、倪岩、于淑宝、佟欣、杨�、于顺达、李玉琳、王宇、王珊珊。

本教材由黑龙江建筑职业技术学院王林生副院长与黑龙江省建筑勘察设计研究院高级工程师徐凤芝主审，黑龙江建筑职业技术学院教授级高级工程师王春宁对本教材提出了许多宝贵意见，对本书的定稿给予了极大的支持，在此表示衷心的感谢。在本书编写过程中，参考了书后所列的参考文献中的部分内容，谨此向作者致以衷心的感谢。本书编写过程中得到了哈尔滨公立工程造价咨询有限责任公司的大力支持，在此表示衷心的感谢。

由于编者水平所限，书中错误和不当在所难免，敬请广大读者及业内专家批评指正。

目　　录

情境一　建筑电气工程图纸识读

任务一　学习建筑电气工程图基本知识

【引导问题】

1. 什么是建筑电气工程图？
2. 建筑电气工程图的类别如何划分？
3. 建筑电气工程图由哪几部分组成？

【任务目标】

掌握电气工程图的组成，掌握图形符号及文字符号。

一、建筑电气工程施工图的概念

建筑电气工程施工图，是用规定的图形符号和文字符号表示系统的组成及连接方式、装置和线路的具体的安装位置和走向的图纸。

建筑电气工程图的特点如下：

（1）建筑电气图大多是采用统一的图形符号并加注文字符号绘制的。

（2）建筑电气工程包括的设备、器具元器件之间是通过导线连接起来，构成一个整体，导线可长可短能比较方便地表达较远的空间距离。

（3）电气设备和线路在平面图中并不是按比例画出它们的形状及外形尺寸，通常是用图形符号来表示的，线路的长度是用规定的线路图形符号按比例绘制而成。

二、建筑电气工程图类别

（1）系统图：用规定的符号表示系统的组成和连接关系，它用单线将整个工程的的供电线路示意连接起来，主要表示整个工程或某一项目的供电方案和方式，也可以表示某一装置各部分的关系。系统图包括供配电系统图（强电系统图）、弱电系统图。

供配电系统图（强电系统图）表示供电方式、供电回路、电压等级及进户方式；标注回路个数、设备容量及启动方法、保护方式、计量方式、线路敷设方式。强电系统图有高压系统图、低压系统图、电力系统图、照明系统图等。

弱电系统图是表示元器件的连接关系。包括通信电话系统图、广播线路系统图、共用天线系统图、火灾报警系统图、安全防范系统图、微机系统图。

（2）平面图：是用设备器具的图形符号和敷设的导线（电缆）或穿线管路的线条画在建筑物或安装场所，用以表示设备器具、管线实际安装位置的水平投影图。是表示装置、器具、线路具体平面位置的图纸。

强电平面图包括：电力平面图、照明平面图、防雷接地平面图、厂区电缆平面图等。弱电部分包括：消防电气平面布置图、综合布线平面图等。

（3）原理图：表示控制原理的图纸，在施工过程中，指导调试工作。

（4）接线图：表示系统的接线关系的图纸，在施工过程中指导调试工作。

三、建筑电气工程施工图的组成

电气工程施工图纸的组成有：首页、电气系统图、平面布置图、安装接线图、大样图和标准图。

（1）首页：主要包括目录、设计说明、图例、设备器材图表。

1）设计说明包括的内容：设计依据、工程概况、负荷等级、保安方式、接地要求、负荷分配、线路敷设方式、设备安装高度、施工图未能表明的特殊要求、施工注意事项、测试参数及业主的要求和施工原则。

2）图例：即图形符号，通常只列出本套图纸中涉及的图形符号，在图例中可以标注装置与器具的安装方式和安装高度。

3）设备器材表：表明本套图纸中的电气设备、器具及材料明细。

（2）电气系统图：指导组织定购，安装调试。

（3）平面布置图：指导施工与验收的依据。

（4）安装接线图：指导电气安装检查接线。

（5）标准图集：指导施工与验收。

任务二　建筑电气工程图的识读

【引导问题】

1. 电气工程图常用的文字符号及图形符号有哪些？

2. 怎样识读电气工程图？

3. 实训——模拟工程项目图的识读。

【任务目标】

了解图形符号及文字符号所表达的含义，掌握建筑电气工程施工图纸的读图方法；对建筑电气工程内容、设备、器具、材料有初步认识，具备图纸会审能力。

一、常用的文字符号及图形符号

图纸是工程"语言"，这种"语言"是采用规定符号的形式表示出来的，符号分为文字符号及图形符号。熟悉和掌握"语言"对于了解设计者的意图，掌握安装工程项目、安装技术、施工准备、材料消耗、机器具安排、工程质量、编制施工组织设计、工程施工图预算（或投标报价）意义十分重大。

电气工程图常用的文字符号，见表1-1。常用的文字符号有：

（1）表示相序的文字符号。

（2）表示线路敷设方式的文字符号。

（3）表示敷设部位的文字符号。

（4）表示器具安装方式的文字符号。

（5）线路标注的文字符号。

电气工程图常用的图形符号（见模拟项目电施 D-02 图例符号，见图 1-5）。

电气工程图常用的文字符号　　　　　　　　　　　　　　　　　表 1-1

名称	符号	说　　明	名称	符号	说　　明
相序	A	A相（第一相）涂黄色	敷设部位	CL	沿柱敷设
	B	B相（第二相）涂绿色		CC	暗设在顶棚或顶板内
	C	C相（第三相）涂红色		ACC	暗设在不能进入的吊顶内
	N	N相为中性线涂黑色	器具安装方式	CP	线吊式
线路敷设方式	E	明敷		CP1	固定线吊式
	C	暗敷		CP2	防水线吊式
	SC	穿水煤气钢管敷设		Ch	链吊式
	TC	穿电线管敷设		P	管吊式
	CP	穿金属软管敷设		W	壁装式
	PC	穿硬塑料管敷设		S	吸顶或直敷式
	FPC	穿半硬塑料管敷设		R	嵌入式（嵌入不可进入的顶棚）
	CT	电缆桥架敷设		CR	顶棚内安装（（嵌入可进入的顶棚））
	SR	用钢线槽敷设		WR	墙壁内安装
敷设部位	F	沿地敷设		SP	支架上安装
	W	沿墙敷设		CL	柱上安装
	B	沿梁敷设		HM	座装
	SR	沿钢索敷设		T	台上安装
	CE	沿顶棚敷设或顶板敷设	线路的标注方式	WP	电力（动力回路）线路
	BE	沿屋架或跨越屋架敷设		WC	控制回路
				WL	照明回路
				WEL	事故照明回路

二、读图的方法和步骤

1. 读图的原则

就建筑电气施工图而言，一般遵循"六先六后"的原则。即先强电后弱电、先系统后平面、先动力后照明、先下层后上层、先室内后室外、先简单后复杂。

2. 读图的方法及顺序（见图 1-1）

（1）看标题栏：了解工程项目名称内容、设计单位、设计日期、绘图比例。

（2）看目录：了解单位工程图纸的数量及各种图纸的编号。

（3）看设计说明：了解工程概况、供电方式、线路敷设方式、以及安装技术

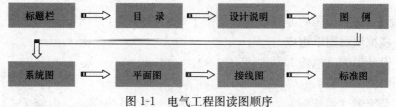

图 1-1　电气工程图读图顺序

要求。特别注意的是有些分项局部问题是在各分项工程图纸上说明的，看分项工程图纸时也要先看设计说明。

（4）看图例：充分了解各图例符号所表示的设备器具名称及标注说明。

（5）看系统图：各分项工程都有系统图，如变配电工程的供电系统图，电气工程的电力系统图，电气照明工程的照明系统图，了解主要设备、元器件连接关系及它们的规格、型号、参数等。

（6）看平面图：了解建筑物的平面布置、轴线、尺寸、比例、各种变配电设备、用电设备的编号、名称和它们在平面上的位置、各种变配电设备起点、终点、敷设方式及在建筑物中的走向。

（7）看电路图、接线图：了解系统中用电设备控制原理，用来指导设备安装及调试工作，在进行控制系统调试及校线工作中，应依据功能关系从上至下或从左至右逐个回路地阅读，电路图与接线图端子图配合阅读。

读平面图的一般顺序（见图1-2）。

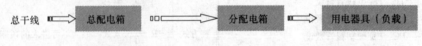

图1-2

（8）看标准图：标准图详细表达设备、装置、器材的安装方式。

（9）看设备材料表：设备材料表提供了该工程所使用的设备、材料的型号、规格、数量，是编制施工方案、编制预算、材料采购的重要依据。

3. 读图注意事项

就建筑电气工程而言，读图时应注意如下事项：

（1）注意阅读设计说明，尤其是施工注意事项及各分部分项工程的做法，特别是一些暗设线路、电气设备的基础及各种电气预埋件与土建工程密切相关，读图时要结合其他专业图纸阅读。

（2）注意将系统图与系统图对照看，例如，将供配电系统图与电力系统图、照明系统图对照看，核对其对应关系；将系统图与平面图对照看，将电力系统图与电力平面图对照看，将照明系统图与照明平面图对照看，核对有无不对应的地方。看系统的组成与平面对应的位置，看系统图与平面图线路的敷设方式、线路的型号、规格是否保持一致。

（3）注意看设备、器具、线路在平面图位置与其空间位置。

（4）注意线路的标注，注意电缆的型号规格，注意导线的根数及线路的敷设方式。

（5）注意核对图中标注的比例。

实训——模拟项目图纸的识读

【目标】 掌握读图的方法，通过读图了解工程内容（见图1-3）。

一、模拟项目图纸组成

（1）设计说明（电施D-01，见图1-4）。

（2）图例（电施D-02，见图1-5）。

（3）系统图（系统图一，电施D-03，见图1-6；系统图二，电施D-04，见图

1-7；系统图三，电施 D-05，见图 1-8；系统图四，电施 D-06，见图 1-9）。

（4）电气平面图有：地下室平面图（电施 D-07，见图 1-10）、一层动力平面图（电施 D-08，见图 1-11）、地下室照明平面图（电施 D-09，见图 1-12）、一层照明平面图（电施 D-10，见图 1-13）、二层照明平面图（电施 D-11，见图 1-14）。

二、电力系统的组成

电力系统由总电源箱 APD-1、应急电源箱 APD-2、动力配电箱 AP1-1、照明配电箱 ALD、照明配电箱 AL1、照明配电箱 AL2 组成。

三、总干线

总进线（进户电源线）为铠装聚氯乙烯绝聚氯乙烯护套电力电缆，电缆的规格是 VV22-3×50＋2×25，敷设方式为户外直埋方式。

四、配电系统识读

系统图一（电施 D-03，见图 1-6）

由 APD-1 引出三条回路。

W1 引至 AP1-1，采用镀锌电气导管 $DN40$ 敷设，管内穿 5 根 BV-10mm² 线。

W2 引至 APD-2，采用镀锌电气导管敷设 $DN50$，管内穿 3 根 BV-35mm² 线与 2 根 BV-25mm² 线。

W3 引至 AL-1，采用半硬阻燃导管敷设 $DN32$，管内穿 3 根 BV-10mm² 线。

系统图二（电施 D-04，见图 1-7）

由 AP1-1 引出两条回路。

W1 引至变频给水设备控制箱。

W2 为备用回路。

系统图三（电施 D-05，见图 1-8）

由 APD-2 五条回路。

W1、W2 两条回路引至消防泵控制箱。

W3 引至消防补水泵。

W4 引至排污泵。

W5 引至 ALD，采用镀锌电气导管敷设 $DN25$，管内穿 3 根 BV-6mm² 线。

由 ALD 引出两条回路。

W1 照明回路，半硬塑料管内穿 2 根 BV-2.5mm² 线。

W2 为备用回路。

系统图四（电施 D-06，见图 1-9）

由 AL1 断路器的进线侧引出一条回路作为 AL2 的电源进线，半硬塑料管 $DN32$，管内穿 BV-10mm² 线。

由 AL1 引出四条回路。

W1 照明回路，管内穿 2 根 BV-2.5mm² 线。

W2 为备用回路。

由 AL2 引出四条回路。

W1、W2 照明回路，采用刚性塑料管敷设 $DN15$，管内穿 2 根 BV-2.5mm²线。

W3 插座回路，采用刚性塑料管敷设 $DN15$，管内穿 3 根 BV-2.5mm² 线。

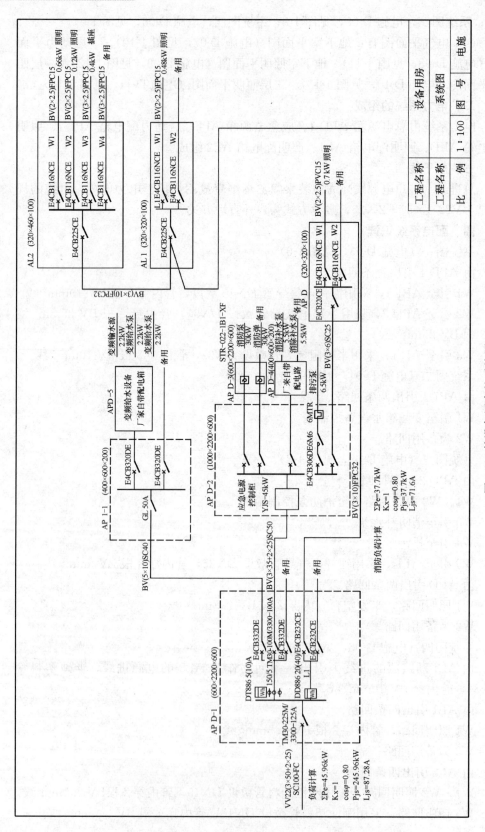

图 1-3　某设备用房的系统图

设计说明：
一、设计依据：
1. 民用建筑电气设计规范（JGJ/T 16—1992）
二、供配电系统：
1. 供配电系统采用 3N～50Hz，380/220V 引自厂区变电所（亭），采用 TN-C-S 接地方式。
2. 进户线采用 VV22 铜芯电缆，共 70 米，其它均采用 BV-500 铜芯塑料线。
3. 进户线和动力线采用镀锌钢管暗敷，其它均采用阻燃塑料管暗敷。
4. 图中未标注截面及根数者为 2.5mm²，两根，未标管径者 2～4 根线为 FPC15，5～6 根线为 FPC20（内径）。

工程名称		设备用房
工程名称		设计说明
比 例	1：100	图 号	电施 D-01

图 1-4 某设备用房的设计说明

图 例 符 号

序号	符号	名称	型号及规格	备注
1	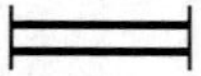	双管荧光灯	2×40W	链吊，距地2.8m
2		防水防尘灯	100W	吸顶式
3		墙座灯头	40W	距地2.2m
4		吸顶灯	60W	吸顶式
5		防水圆球吸顶灯	60W	吸顶式
6		开关		距地1.3m
7		单相二、三孔安全插座		距地0.3m
8		配电箱		底边距地1.5m，嵌入式
9				
10				
11				

注　灯具型号及厂家由用户自行选择确定

工程名称	设备用房
工程名称	图例
比例 1:100	图号 电施D-02

图1-5　某设备用房的图例

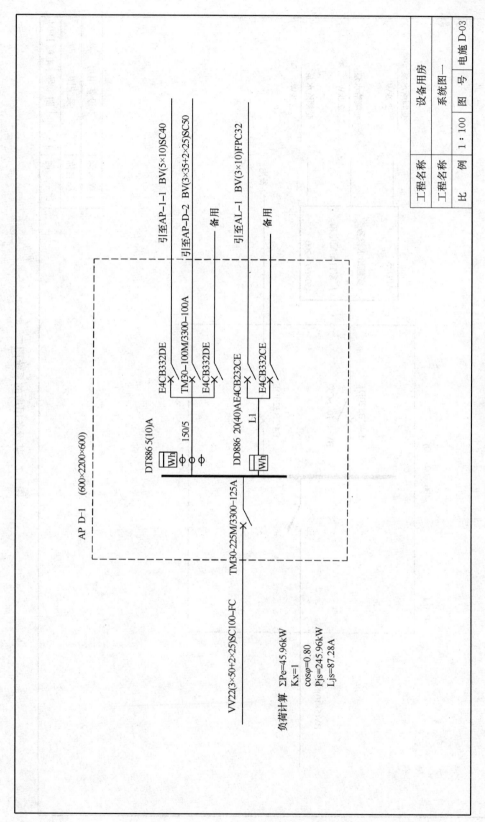

图 1-6 某设备备用房的系统图一

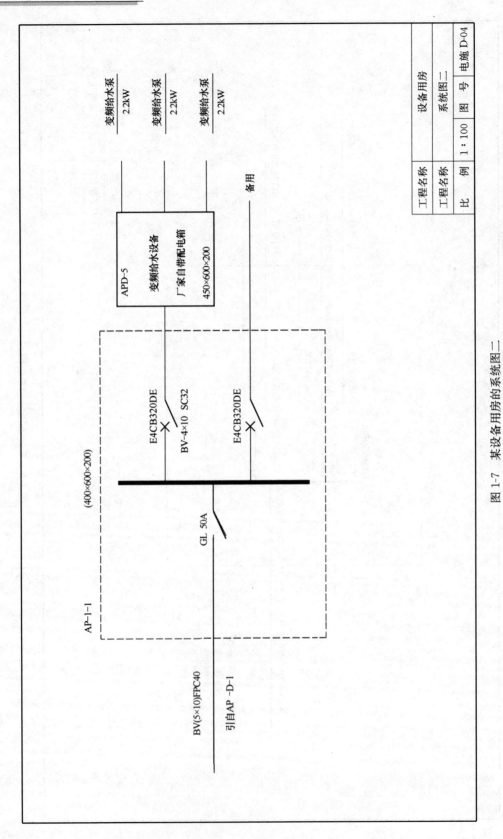

图 1-7 某设备用房的系统图二

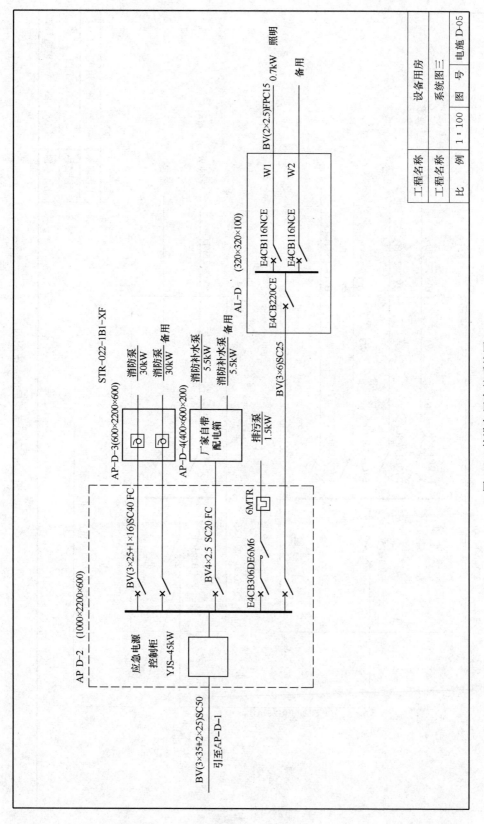

图 1-8 某设备备用房的系统图三

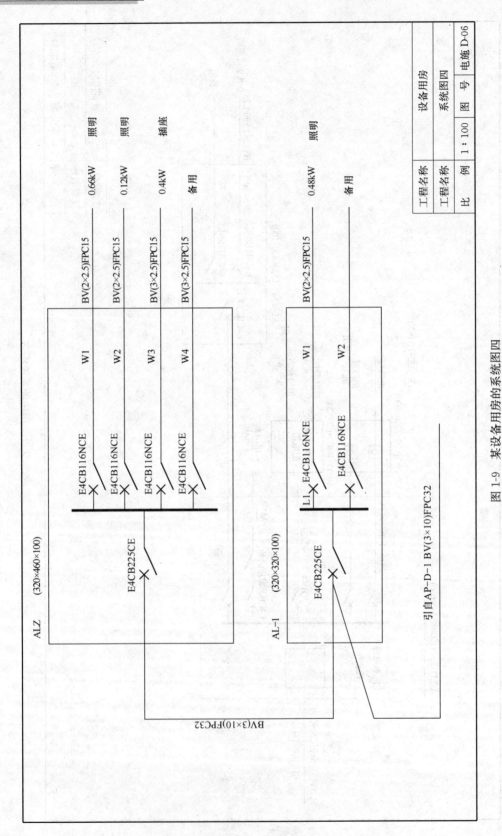

图 1-9　某设备用房的系统图四

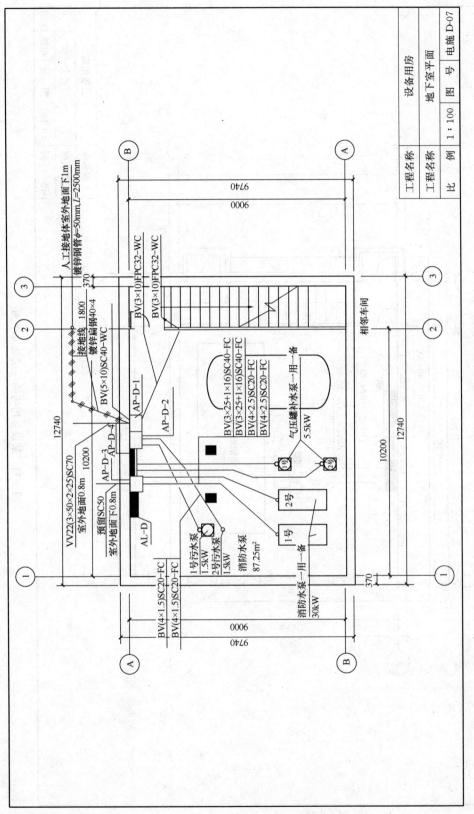

图 1-10 某设备用房的地下室平面

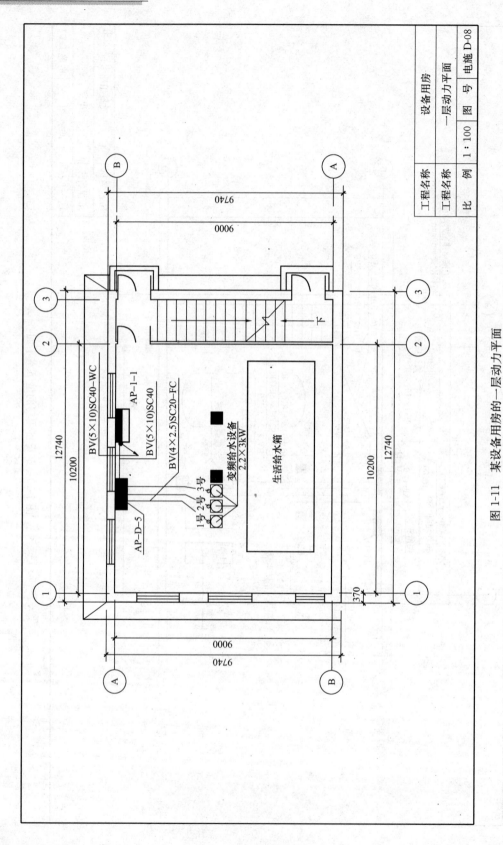

图 1-11 某设备用房的一层动力平面

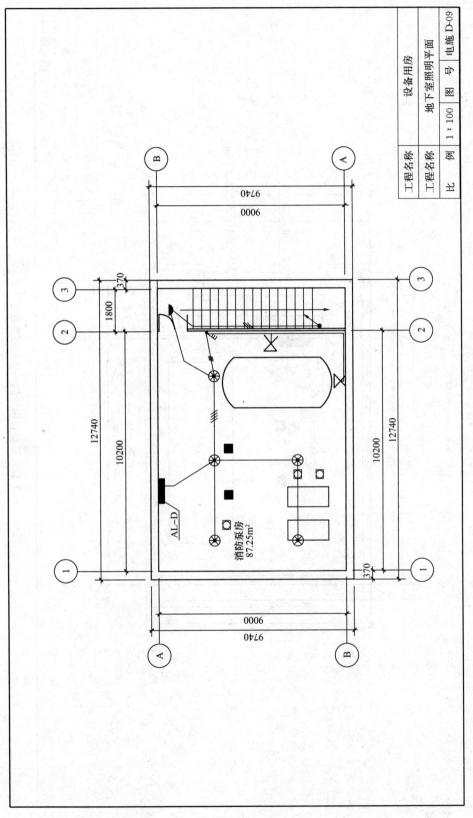

图 1-12　某设备用房的地下室照明平面

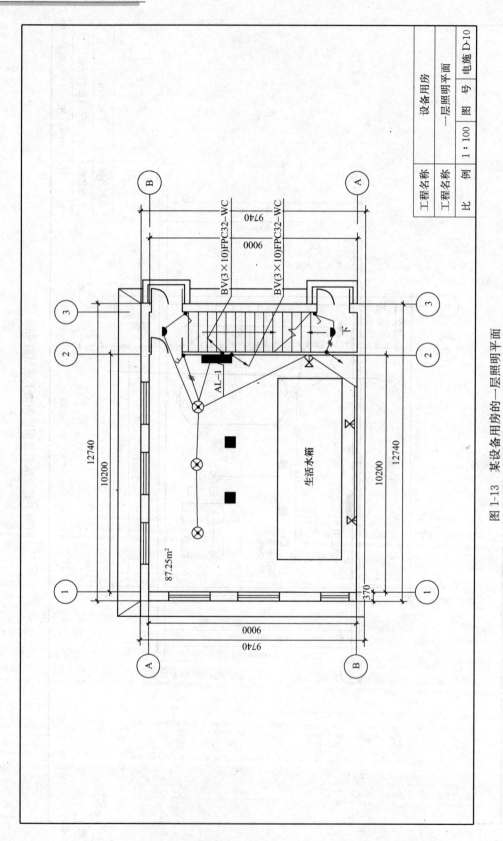

图 1-13　某设备用房的一层照明平面

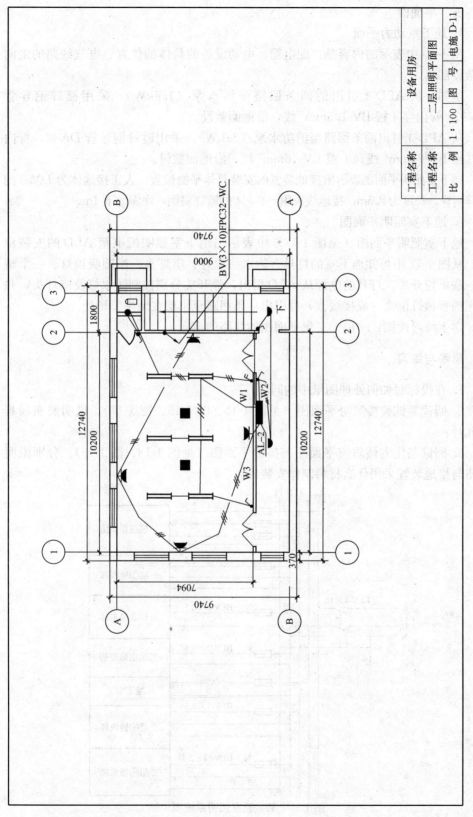

图 1-14 某设备用房的二层照明平面

工程名称	设备用房
工程名称	二层照明平面图
比 例	1:100
图 号	电施 D-11

五、平面图

1. 地下室动力平面

图 1-10 中表示的内容是：配电箱、电动设备的具体的位置、电气线路的走向及敷设部位。

例如，从 APD-2 引出的两条回路至污水泵（1.5kW），采用镀锌钢导管 $DN20$，管内穿 4 根 BV-1.5mm^2 线，沿地面敷设。

从 APD-3 引出两条回路至消防水泵（30kW），采用镀锌钢导管 $DN40$，管内穿 3 根 BV-25mm^2 线和 1 根 BV-16mm^2 线，沿地面敷设。

地下室照明平面图表示出接地装置的安装具体平面位置，人工接地体为 $DN50$ 的镀锌钢管，长度为 2.5m；接地线采用－40×4 的镀锌扁钢，埋深地下 1m。

2. 地下室照明平面图

地下室照明平面图（见图 1-12）中表示出地下室照明配电箱 ALD 的安装位置，从图 1-12 中可知地下室的灯具有防水防尘灯、座灯头、半圆吸顶灯、一个暗装三联单控开关。灯具的电源从 ALD 引出，经开关分别控制防水灯及座灯头，并从半圆吸顶灯位盒（或接线盒）处引出一条回路至 1 层在图中②轴处。

学生练习读图：一层、二层平面图的线路的走向。

思考与练习

1. 在投标时如何处理图纸中的问题？

2. 阅读某试验楼照明平面图（见图 1-15、图 1-16、图 1-17），说明照明器具有几种？

3. 阅读某住宅楼防雷平面图与接地平面图（见图 1-18、图 1-19）。分别说明防雷与接地装置采用什么材料制作安装的？

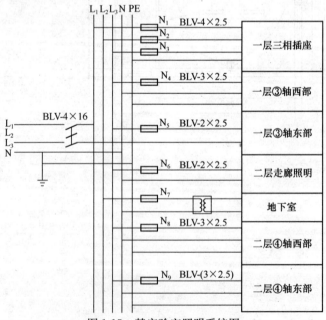

图 1-15　某实验室照明系统图

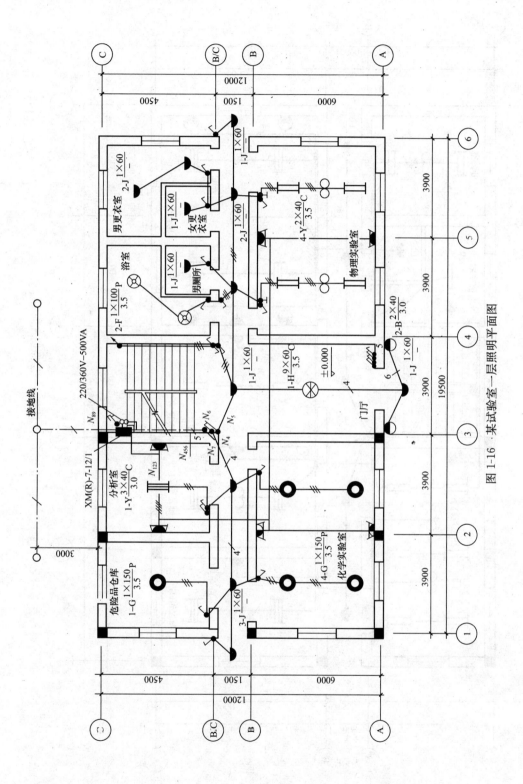

图 1-16　某试验室一层照明平面图

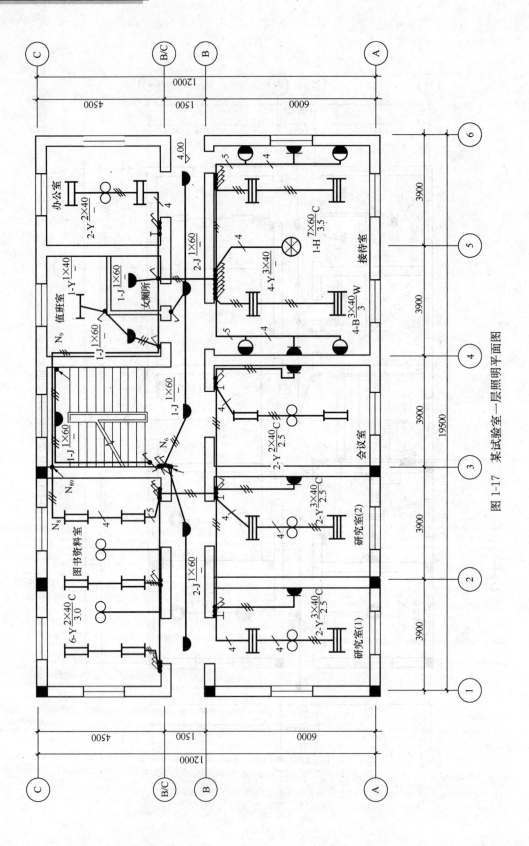

图 1-17 某试验室一层照明平面图

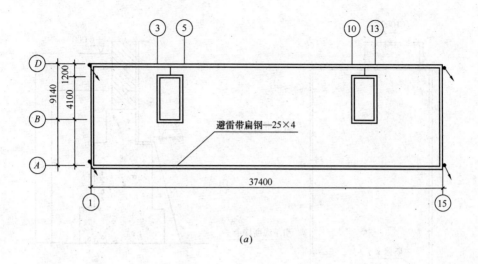

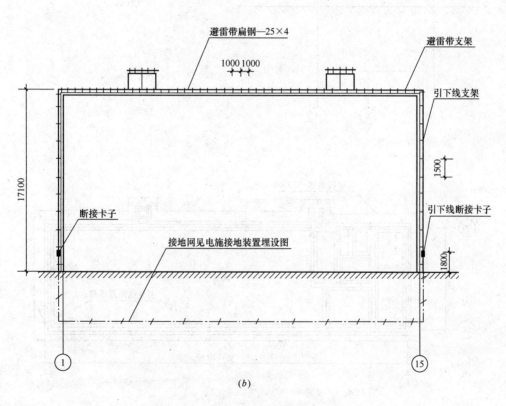

图 1-18　住宅楼建筑防雷平面图、立面图

（a）平面图；（b）立面图

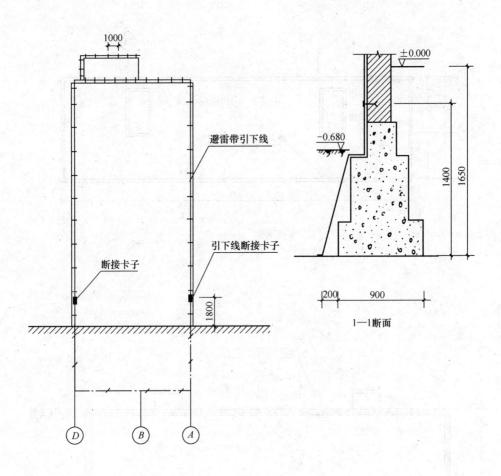

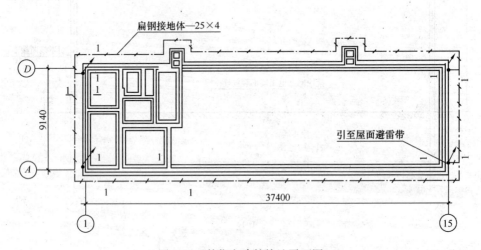

图 1-19　某住宅建筑接地平面图

情境二　电气设备与材料的采购

任务一　划分电气材料与设备

【引导问题】

1. 电气设备与材料如何划分？
2. 常用的电气设备与材料有哪些？

【任务目标】

了解电气工程设备与材料划分的原则，了解常用电气设备和常用的电气材料。

一、电气设备与材料的划分概述

（一）设备与材料划分的意义

正确划分设备与材料，有利于国家统计部门对建设项目各项费用的统计，分清建设单位与施工单位购置设备与材料的权限范围，确保招标工作中施工单位正确报价；同时关系到投资构成的合理划分、概预算的编制及施工产值的计算和利润等各项费用的计取。

（二）设备与材料划分的原则

对设备与材料的划分，目前仍依据国家 1989 年制定的《工程建设设备与材料划分原则》进行划分。

凡是由制造厂制造，由多种材料和部件按各自用途组成独立结构，具有功能、容量及能量传递或转换性能，在生产中能够独立完成特定工艺过程的机器、容器和其他生产工艺单体均为设备。

为完成建设安装工程所需要的经过加工的原料和生产过程中不起单元工艺生产作用的设备本体以外的零配件、附件、成品、半成品等均为材料。

（三）《全国统一安装工程预算定额》中设备与材料的划分

1. 电气设备

各种变压器、互感器、调压器、感应移相器、电抗器、高压断路器、高压熔断器、稳压器、电源调整器、高压隔离开关、装置或空气开关、电容器、蓄电池、磁力启动器及其按钮、电加热元件、交流报警器及成套配电箱、盘、柜屏及其母线和支持瓶均为设备；火灾报警控制器、火灾报警电源装置、紧急广播控制装置、火警通信装置、气体灭火控制装置、探测器、模块、手动报警按钮、消火栓报警按钮、电话、消防系统接线箱、重复显示器、报警装置、入侵探测器、入侵报警控制器、报警设备传输设备、出入口控制设备、安全检查设备、电视监控设备、终端显示设备等均为设备。

2. 电气材料

各种电缆、电线、母线、管材、型钢、桥架、灯具及各种支架均为材料。P型开关、保险器、杆上避雷器、各种避雷针、绝缘子、金具、线夹、开关、插座、按钮、接线箱、接线盒、电铃、电扇、电线杆、铁塔等均为材料。

二、电气安装工程常用的设备与材料

（一）常用的电气设备（见"电气设备"）

（二）常用的电气材料

1. 常用的导电材料

在电气安装工程中配电线路最常见的是裸电线、绝缘电线、电缆和母线。

（1）裸电线

按结构分为单股和多股绞合两种，多股绞线又分为铝绞线、钢芯铝绞线、铜绞线等。按线芯的性能分为硬裸线和软裸线，硬裸线主要用于架空线路，软裸线主要用于电气装置的接线或接地线。

常用的裸线型号：钢绞线（GJ）、钢芯铝绞线（GLJ）和铜绞线（TJ）。

（2）绝缘电线（见表 2-1）

绝缘导线主要型号及特点　　　　　　　　　　　　　　　表 2-1

名称	类型	型号	主要特点
聚氯乙烯绝缘导线	普通型	BV、BVV（圆型）、BVVB（平型）	优点是绝缘性能良好，制造工艺简单，价格较低。缺点是对气候适应性差，低温变脆，高温或日光强照射下增塑剂容易挥发而使绝缘加速老化，因此在没有有效隔热的措施的高温环境下，日光强照或高寒地方不宜选用该型电线
	绝缘软线	BVR、RV、RVB（平型）、RVS（绞型）RVVP（屏蔽型）	
	阻燃型	ZR-BV、ZR-RVS	
	耐火型	NH-BV、NH-RVV	
丁腈聚氯乙烯复合绝缘线	双绞复合物软线	RFS	具有良绝缘性能，并有耐低温、耐腐蚀、不延燃、不老化等性能，在低温下仍然柔软，使用寿命长，比其他型号软线性能好，适用于交流电压 250V 以下或直流电压 500V 以下的各类移动电器、无线电设备和照明灯座的连线
	平型复合物软线	RFS	
橡皮绝缘电线	棉纱编织橡皮绝缘线	BX	弯曲性能好，对气温适应较广，玻璃丝编织橡皮绝缘线可以用于室外架空线路或进户线。但此类线生产工艺复杂，成本高，已被塑料绝缘线所取代
	玻璃丝编织橡皮绝缘线	BBX	
	氯丁橡皮绝缘线	BXF	具有良绝缘性能，并有耐油、不延燃、适应性强，光老化过程缓慢，使用时间为塑料绝缘线的 2 倍。宜在室外敷设。但机械强度较弱，不宜穿管敷设

注：B 表示布线固定敷设，V 表示聚氯乙烯绝缘，ZR 表示阻燃，NH 表示耐火。
NH-BV-25 表示截面为 25mm² 的耐火铜芯聚氯乙烯绝缘导线。

（3）电缆（见表 2-2）

电 力 电 缆 型 号   表 2-2

型 号		名 称	用 途
铜 芯	铝 芯		
VV	VLV	聚氯乙烯绝缘聚氯乙烯护套电力电缆	
VY	VLY	聚乙烯绝缘聚乙烯护套电力电缆	
VV$_{22}$	VLV$_{22}$	聚氯乙烯钢带铠装聚氯乙烯护套电力电缆	
YJV	YJLV	交联聚氯乙烯绝缘聚氯乙烯护套电力电缆	适用于室内、电缆沟、隧道及管道中，也可埋在松软的土壤中，电缆不能承受机械外力作用
YJY	YJVY	交联聚乙烯绝缘聚乙烯护套电力电缆	
YJV$_{22}$	YJLV$_{22}$	交联聚氯乙烯绝缘钢带铠装聚氯乙烯护套电力电缆	适用于室内、隧道、电缆沟、及地下直埋敷设，电缆能承受机械外力，但不能承受大的拉力

注：第一个字母 V 表示聚氯乙烯绝缘，第二个字母 V 表示聚乙烯护套。

    VV-1KV-5×16 表示 5 芯截面为 16mm^2 聚氯乙烯绝缘聚氯乙烯护套电力电缆，电缆耐压等级为 1kV。

2. 常用的绝缘材料

（1）聚氯乙烯：有较高的绝缘性。

（2）橡胶和橡皮：广泛用于电线电缆的绝缘，制作绝缘用具。

（3）电瓷：用于制作各种绝缘子、绝缘套管、灯座、开关、插座和熔断器的底座。

3. 常用的安装材料

（1）导管

把绝缘导线穿在管内敷设，称为线管配线，通常把配线用的保护管称为配线导管。

1）水煤气管。水煤气管又称瓦斯管，有镀锌的与不镀锌（黑铁）的两种。镀锌管的抗腐蚀能力较强，多用在潮湿、有腐蚀的厂房中和作为隐蔽敷设用。水煤气管径标称为公称直径。

2）电线管。电线管俗称电管，管壁内外均涂有一层绝缘漆。管壁较薄，一般在干燥厂房内敷设使用。

3）金属软管。金属软管俗称蛇皮管，它是用 0.5mm 以上的双面镀锌薄钢带加工压边卷制。

4）硬聚氯乙烯管和半硬聚氯乙烯管。耐酸性强，适用于腐蚀性较强的场所。

（2）线槽与桥架

1）线槽配线就是将导线敷设在线槽内，上面用盖板将导线盖住。线槽的材质有两种，即金属和塑料。

2）电缆桥架布线是将电缆或电线敷设在桥架内，这种方式适用于电缆数量较多或较集中的场所。桥架按材质分为金属、合金和塑料。

（3）型钢

常用的型钢有角钢、圆钢、扁钢、槽钢，主要用于制作基础、支吊架、防雷与接地装置。

（4）常用的紧固件

1）与操作面固定件有塑料胀管、膨胀螺栓、预埋螺栓。

2）两元件之间的固定件有六角螺栓、双头螺栓、自攻螺栓、木螺栓、机螺栓。

任务二　电气设备与材料的价格确定及采购

【引导问题】

1. 怎样确定设备、材料价格？
2. 设备与材料价差产生原因有几个方面？
3. 如何采购设备与材料？

【工作任务】

掌握材料与设备价格的确定方式，了解材料价差产生的原因及价格的调整办法。能够计算配电装置的制造成本。

一、设备与材料价格的确定方式

（一）设备价格的确定方式

设备预算价格是指设备由来源地（或交货地点）到达现场仓库（或指定堆放地点）后的价格。一般情况下，设备预算价格由原价、供应部门手续费、包装费、运输费、采购保管费组成。如果有组织供应的成套设备，还应包括成套设备服务费。

在市场经济下，设备的供应渠道不同，设备制造厂家直接进入二级市场，设备供应中间环节减少了，供应部门手续费不再发生。设备厂家直接与建设单位订货，并且送货上门，一些必要的运费、装卸费，甚至安装费调试也包括在设备费中。在概预算中要对设备的价格了解清楚，根据市场变化，正确计算出设备的预算价格。

为简化计算，在确定项目建设投资的设计概算编制阶段，将设备预算价格（也称设备购置费）划分为设备原价和运杂费两个部分，计算公式为：

$$设备预算价格＝设备原价＋运杂费$$

上式中，设备原价是指国产设备或进口设备原价，设备运杂费指设备采购、运输、包装、保管等方面支出费用的总和。设备运杂费按占设备原价百分比的综合费率计算，一般为设备原值的 $1\%\sim8\%$，具体情况还要根据各有关部委和省、市、区具体规定，并结合工程建设地点的运输情况确定。

在编制施工图预算或进行投标报价时，设备价格的确定方式有如下几种：

1）依据各地区的预算价格。

2）依据市场调查价格（此价格通常含有经销部门的费用）。

3）依据设备生产厂家的直接供应价格。

（二）材料预算价格的确定

工程材料预算价格是指材料从来源地（或交货地点）到达现场仓库（或指定堆施地点）后的出库价格。计算公式如下：

材料预算价格＝材料供应价格＋市内运杂费＋采购保管费

材料供应价格＝（材料原价＋供应部门手续费＋包装费＋外地至本地的运输费用＋材料采购保管费）－包装材料回收值

建筑安装工程中，材料费用是工程造价的重要组成部分，材料费用占工程总造价的70%左右，材料价格的高低直接影响工程造价。所以在建设项目投资的设计概算编制中，施工阶段的招标标底编制（招标控制价）及投标报价的编制，如何确定材料价格极为重要。

目前在招投标活动中对材料价格的确定的依据主要有如下几种。

1）材料预算价格：是指材料由其来源地（或交货地点）到达施工现场仓库（或指定堆放点）后的价格。

材料预算价格＝材料的供应价格＋市内运输价格＋采购保管费

2）信息价格：工程造价管理部门根据一个阶段的市场供应情况、物价水平及综合诸多因素确定的参考价格。

3）市场调查价格：由于材料生产厂家不同，货源的渠道不同，各供应商的价格存在差异，因此作多方市场调查很重要。

4）厂家直接供应价格：材料生产厂家不通过经销部门直接供货给材料的需求方所确定的价格。

5）业主暂定价格：在招标活动中，业主为有效控制投资或作出某些条件的限定或参考依据。

6）双方共同确认价格：在项目实施过程中，业主与承包商可根据上述的"材料预算价格"、"信息价格"、"市场调查价格"及"厂家直接供应价格"进行综合比较确定的价格。

二、材料价差的产生与处理

1. 价差的产生

价差是指预算价格与工程所在地现行材料价格之间的差异。

价差产生的原因如下。

（1）地域性差异：地区建设行政管理部门颁发的材料预算定额与工程所在地的材料价格的差异。

（2）时间性差异：由于时间的推移，材料价格的调整而产生的差异。

（3）品质差异：不同的厂家及品牌的同功能的产品价格不同。

2. 材料价差的处理

（1）材料价差的调整范围：主要材料调差及辅助材料调差。

（2）材料价差的调整方法：合同双方在合同其他约定条款中约定材料价差是否调整。

三、材料与设备的采购

（一）材料、设备采购计划编制

材料设备采购前，要依据工程图纸编制材料采购计划。计划的内容有材料与设备的名称、规格、型号、数量、品质、计划进场时间等。

（二）材料、设备价格的调查与比较

对工程所在地的供应情况进行调查，对核定工程成本具有重要意义。根据材料采购计划，调查市场供应情况及产品价格，并且要对调查信息进行对比分析。

（三）采购合同的洽谈与订立

对大综材料及单价较高的材料与设备的采购，应与供应方签订采购合同，以确保材料与设备的质量、数量及供应时间。合同条款主要有以下几个方面。

第一条　产品的名称、品种、规格和质量。

第二条　产品的数量和计量单位。

第三条　产品的包装标准。

第四条　产品的交货到货地点。

第五条　产品的交货时间。

第六条　产品的价格与货款的结算。

第七条　验收方法。

第八条　对产品提出异议的时间和办法。

第九条　供应方的违约责任。

第十条　采购方的违约责任。

第十一条　不可抗力。

第十二条　其他。

思考与练习

1. 试说明划分材料与设备的意义。

2. 材料价差产生的原因有哪几个方面？实际工作中应注意哪些问题？

情境三　建筑电气安装工程的施工与验收

任务一　建筑电气安装工程施工管理

【引导问题】

1. 建筑电气工程内容包括几个方面？
2. 施工工序是怎样的？
3. 施工现场管理有哪些内容？

【任务目标】

了解电气工程的内容，掌握电气安装工程现场施工管理工作的方法，锻炼组织协调能力。

一、建筑电气安装工程的主要内容

建筑电气安装工程主要是 10kV 以下的工业与民用建筑电气安装与调试。

根据建设工程项目的划分，建筑电气工程属于单位工程，主要包括：室外电气、变配电室、供电干线、电气动力、电气照明、备用和不间断电源装置安装、防雷及接地装置安装。具体的分部、子分部的划分见表 3-1。

二、建筑电气安装工程的特点

电气安装工程的特点：作业空间范围较大，施工周期长，原材料及设备种类繁多，价格差异较大；工序复杂，手工作业多；工程质量直接影响生产运行及人身安全。

三、建筑电气工程施工的程序

通常将建筑电气安装工程分成 3 个阶段：施工准备阶段、施工阶段和竣工验收阶段。

（一）电气安装工程施工准备阶段的工作

施工准备阶段的工作是否能做到充分、细致，将影响到工程进展是否顺利。因此施工单位必须高度重视施工准备阶段这一重要的工作环节。准备阶段的工作有如下几方面。

1. 现场组织机构的建立

主要工作内容：建立项目部组织机构；建立岗位责任制；确定施工队伍；全员的安全教育及相关的培训工作。

2. 准备施工机械机具

根据图纸的工作内容、施工组织设计和合同的要求，组织施工机械、机具进入施工现场（机械及机具必须状态良好、必须保证在检验有效期内），并向监理办理报验手续。

现场的机械及机具的保管与使用要有相关的管理制度，并由专人负责。

3. 准备施工用主要材料及辅助材料

根据施工图纸及开工前交付监理的施工组织设计中的进度计划，进行主要材料和辅助材料的准备，并向监理报验，整理好相关资料。

4. 技术准备工作

编制切实可行的施工组织设计。其内容有：工程概况，施工部署，施工进度计划，劳动力需用计划，机械设备投入计划，施工方案及技术措施，安全施工措施，成品与半成品保护措施，降低成本措施，质量检验标准等。

分部分项工程划分表　　　　　　　　　　　　表 3-1

分部工程	子分部工程	分　项　工　程
建筑电气	室外电气	架空线路及杆上电气设备安装，变压器、箱式变电所安装，成套配电柜、控制柜（屏、台）和动力、照明配电箱（盘）安装，电线导管、电缆导管和电线槽敷设，电线、电缆穿管和线槽敷线，电缆头制作，接线和线路绝缘试验，建筑物景观照明灯、航空障碍标志灯和庭院灯安装，建筑物照明通电试运行，接地装置安装
	变配电室	变压器、箱式变电所安装，成套配电柜、控制柜（屏、台）和动力、照明配电箱（盘）安装，裸母线安装，封闭母线安装，插接母线安装，电缆沟内和电气竖井内电缆敷设，电缆头制作，接线和线路绝缘测试，接地装置安装，避雷引下线和变配电室接地干线敷设
	供电干线	裸母线安装，封闭母线安装，插接母线安装，电缆桥架安装和桥架内电缆敷设，电缆沟内和电气竖井内电缆敷设，电线导管、电缆导管和电线槽敷设，电缆头制作，接线和线路绝缘测试
	电气动力	成套配电柜、控制柜（屏、台）和动力、照明配电箱（盘）安装，低压电动机、电加热器及电动执行机构检查接线低压电气动力设备、试验和试运行，电缆桥架安装和桥架内电缆敷设，电缆导管和电线槽敷设，电缆头制作，接线和线路绝缘测试，开关插座风扇安装
	电气照明安装	成套配电柜、控制柜（屏、台）和动力、照明配电箱（盘）安装，电线导管、电缆导管和电线槽敷设，电线、电缆穿管和线槽敷线，槽板配线，钢索配线，电缆头制作，接线和线路绝缘测试，普通灯具安装，专用灯具安装，开关、插座、风扇安装，建筑物照明通电试运行
	备用和不间断电源安装	成套配电柜、控制柜（屏、台）和动力、照明配电箱（盘）安装，柴油发电机组安装，不间断电源和其他功能单元安装，裸母线安装，封闭母线安装，插接母线安装，电线导管、电缆导管和电线槽敷设，电线、电缆穿管和线槽敷线，电缆头制作，接线和线路绝缘测试，接地装置安装
	防雷及接地安装	接地装置安装，防雷引下线敷设，变配电室接地干线敷设，建筑物等电位连接，接闪器安装

技术交底工作。施工单位的技术负责人，根据施工图纸、施工方案对各作业班组人员进行技术交底，必要时要对有关人员进行技术方面的培训，重点强调质

量通病的预防措施。

5. 施工现场暂设的搭建物及现场的清理验收

一般情况下，电气安装工程与土建工程相配套，暂设工程搭建物视现场的具体情况而定，要便于现场的施工管理。

对于主体工程与电气工程不同步、改扩建、恢复的工程，要对现场进行清理、验收和抄测工作，并作好详细的记录。如果现场的条件与合同不符或与设计有矛盾或偏差时，向监理单位提交书面报告，得到监理就该问题的处理方案后才能进行下一步工作程序。

关于施工现场文明施工管理方面要做到：现场物料摆放整齐，有标识，对于材料的实验状态（材料试验状态：合格、不合格、待判定）要有明确标识，不合格的材料应立即运出施工现场。

（二）电气安装工程施工阶段的工作

（1）预埋、预留及相关工作。

预埋：电气工程预埋是指在土建施工过程中，在建筑物构筑物中按施工图纸设计事先埋进固定件、钢管、阻燃管。

预留：电气工程的预留是指在土建工程施工过程中，为电气设备或管线按图纸设计的标高及几何尺寸进行孔洞的预留。

预埋与预留应按设计要求预留孔洞、过墙眼，预埋管路、基础槽钢及地脚螺栓及其他部件，保证标高、位置、误差符合设计及验收规范要求。在梁、板、柱、墙及地面内的预埋件与预留工作可由建筑工作人员与电气工作人员共同按图纸要求进行；预埋的电气的管路、接线盒等则由电气工作人员进行预埋。

电气工程与主体的工程的配合。对于明配工程（如厂房内沿支架、沿墙敷设）所需要的预埋件在土建工程施工时应预埋好，其他明配工程可在抹灰及表面装饰工作完成后进行；对于暗设在混凝土内的管路、接线盒、开关盒、接地端子测试箱及配电箱箱底预埋应按主体工程的进度及时配合工程施工。

（2）各类电气线路敷设按设计图纸施工并要求符合施工与验收规范要求；各类设备安装应按图纸进行安装调试。

（3）对已安装的电气设备、线路及用电器具进行调试；需要时配合其他专业进行系统试运行。

（4）认真做好工程施工、调试、运行、施工记录等工作，要保证工程质量。

（三）交工验收阶段

（1）试运行合格后，施工单位应按照图纸及验收规范提交竣工资料，并及时办理竣工手续。

（2）及时做好工程的竣工结算工作。

（3）按承包条款工程进入保修阶段，保证保修工作认真完成。

四、施工现场管理

（一）施工现场管理的一般规定

（1）安装电工、电气焊工、起重吊装工和电气调试人员等，应持证上岗。

（2）安装和调试的各类检测计量器具，应检定合格，使用时必须在有效期内。

（3）施工现场应具备必要的施工技术（质量）标准，应健全工程质量管理体系和工程质量检测制度，实施现场全过程的质量控制。

（4）电气工程施工应按照批准的设计文件、资料和相应的施工技术标准进行施工，若修改设计应按设计单位出具的"设计变更单"为准，或按监理单位出具的"技术联系单"为准。

（5）电气工程施工单位应具备相应的资质。参与工程质量验收的人员应具有相应的专业技术资格或上岗证书。

（6）建筑电气工程可按供电系统、区域或施工段、功能区段等划分。每个分项工程可分成若干个检验批。检验批是工程验收的最小单位，是分项工程质量验收的基础。

（7）施工单位应按工程进度情况及时组织自检，在自检合格的基础上，报请监理（建设）单位组织验收。非总承包单位还要报请总承包单位派人检查验收。

（8）额定电压交流 1kV 以下、直流 1.5kV 以下的应为低压电气设备、器具和材料；额定电压大于交流 1kV、直流 1.5kV 以上应为高压电气设备、器具和材料。

（9）电气设备上的计量仪表和与电气保护有关的仪表应检定合格，当投入运行时应在有效期内。

（10）接地（PE）或接零（PEN）支线必须单独与接地（PE）或接零（PEN）干线相连接，不得串联连接。

（11）高压电气设备和布线系统及继电保护系统的交接试验，必须符合现行的国家标准《电气装置安装工程电气设备交接试验标准》（GB 50150—2006）的规定。

（12）建筑电气施工应编制施工方案，且应经业主或监理单位批准后方可施工。建筑电气动力工程负荷运行，可依据电气设备及相关电气设备的种类、特性，编制运行方案或作业指导书，并经建设单位审核批准、监理单位确认后，方可执行。

（13）动力和照明工程的漏电保护装置应做模拟动作试验。

（14）送至建筑智能化工程的电气量值信号精度等级和电气状态信号应准确并且符合设计要求，接收建筑智能化工程的指令应保证使电气工程的动作符合指令要求，且手动、自动切换功能正常。

（15）低压的电气设备和布线系统的交接试验，应符合相关的试验标准和要求。

（二）主要设备、材料、成品与半成品进场报验

（1）建筑电气工程采用的主要材料、器具和设备等应进行进场验收，检验工作应由施工单位与监理单位（建设）单位参加，以施工单位为主，监理单位确认。凡涉及安全、功能的有关产品，应进行按批抽样送有资质的试验室复测，并应有检验结论记录。因有异议而送至有资质的实验室进行抽样检测的，试验室应出具检测报告，确认符合相关技术标准规定后，才能在施工中使用。

（2）依法定程序进入市场的新电气设备、器具和材料进场验收，除符合标准规定外，尚应提供安装、使用、维修和试验要求等技术文件。

（3）进口设备、器具和材料进场验收，除符合规范规定外，尚应提供商检证明和中文的质量合格证明文件、规格、型号、性能检测报告及中文的安装、使用、维修和试验要求等技术文件。

（4）型钢和电焊条应符合下列要求：

1）按批检验合格证和材质证明书。有异议时，按批抽样送有资质的实验室检测。

2）外观检查：型钢表面无严重锈蚀，无过度扭曲，弯折变形；电焊条包装完整，拆包抽检，焊条尾部无锈斑。

（5）镀锌型钢制品（支架、横担、接地极、避雷用型钢等）和外线金具应符合下列要求：

1）按批检验合格证或镀锌厂出具的镀锌质量证明书。

2）外观检查：镀锌层覆盖完整、表面无锈斑，金具配件齐全无砂眼。

3）对镀锌质量有异议时，按批抽样送有资质的实验室检测。

（6）钢筋混凝土电杆和其他混凝土制品应符合下列要求：

1）按批检验合格证。

2）外观检查：表面光滑、无缺欠漏筋，每个制品表面有合格印记；钢筋混凝土电杆表面光滑，无纵向、横向裂纹，杆身平直，弯曲度不大于杆长的1/1000。

（7）钢制灯柱应符合下列要求：

1）按批检验合格证。

2）外观检查：涂层完整，根部接线盒盒盖紧固件和内置熔断器、开关等器件齐全，盒盖密封垫片完整。钢柱内设有专用接地螺栓，地脚螺栓的孔位按提供的图纸上的尺寸，允许偏差为±2mm。

（8）变压器、箱式变电所、高压电器及电瓷制品应符合下列要求：

1）查验合格证和随带技术文件，变压器有出厂试验记录。

2）外观检查：有铭牌，附件齐全，绝缘件无缺损、裂纹，充油部位不渗漏，充气高压设备充气指示正常，涂层完整。

（9）高低压成套配电柜、蓄电池柜、不间断电源柜、控制柜（屏、台）及电力、照明配电箱（盘）应符合下列要求：

1）查验合格证和随带技术文件，实行生产许可证和安全认证制度的产品，有许可证编号和安全认证标志。不间断电源柜有出厂试验记录。

2）外观检查：有铭牌，柜内元器件无缺损丢失，接线无脱落、脱焊，蓄电池柜内电池壳件无碎裂、漏液，充油、充气设备无泄漏，涂层完整，无明显碰撞凹陷。

（10）电动机、电加热器、电动执行机构和低压开关设备应符合下列规定：

1）查验合格证和随带技术文件，实行生产许可证和安全认证制度的产品，有许可证编号和安全认证标志。

2）外观检查：有铭牌，附件齐全，电气接线端子完好，设备器件无缺损，涂层完整。

（11）柴油发电机组应符合下列要求：

1）依据装箱单核对主机、附件、专用工具、备品备件和随带技术文件，查验合格证和出厂试运行记录，发电机及其控制柜有出厂试验记录。

2）外观检查：有铭牌，电气接线端子完好，机身无缺损，涂层完整。

（12）裸母线和母线应符合下列要求：

1）查验合格证。

2）外观检查：包装完好，裸母线平直，表面无明显划痕，测量厚度和宽度应符合制造标准，裸母线表面无明显损伤，不松股、扭折和断股（线），测量线径符合制造标准。

（13）封闭母线和插接母线应符合下列要求：

1）查验合格证和随带安装技术文件。

2）外观检查：防潮密封良好，各段编号标识清晰，附件齐全，外壳不变形，母线螺栓搭接平整、镀层覆盖完整，无起皮和麻面；插接母线上的静触头无缺损、表面光滑、镀层完整。

（14）电缆桥架、线槽应符合下列规定：

1）查验合格证。

2）外观检查：部件齐全、表面光滑不变形，钢质桥架涂层完整，无锈蚀；玻璃钢桥架色泽均匀，无破损碎裂；铝合金桥架涂层完整，无扭曲变形，无压扁，表面不划伤。

（15）电缆、电线应符合下列规定：

1）按检验批查验合格证。合格证有生产许可证编号。

2）外观检查：包装完好，抽检的电缆绝缘层完好无损，厚度均匀。电缆无压扁扭曲，铠装不松卷。电线、电缆外层有明显标识和制造厂标。

3）按制造标准，现场抽样检测绝缘层厚度和圆形线芯的直径；线芯直径误差不大于标称直径的 1‰；常用的 BV 线型绝缘电线的绝缘层厚度不小于表 3-2 的数值。

4）对电线、电缆的绝缘性能、导电性能和阻燃性能有异议时，按批抽样送有资质的试验室检测。

BV 型绝缘电线的绝缘层厚度　　　　　　　　　　　表 3-2

序号	1	2	3	4	5	6	7	8	9	10	11	12	13	14	15	16	17
电线芯线标称直径（mm）	1.5	2.5	4	6	10	16	25	35	50	70	95	120	150	185	240	300	400
绝缘层厚度规定值（mm）	0.7	0.8	0.8	0.8	1.0	1.0	1.2	1.2	1.4	1.4	1.6	1.6	1.8	2.0	2.2	2.4	2.6

（16）电缆头部件及接线端子应符合下列规定：

1）查验合格证。

2）外观检查：部件齐全，表面无裂纹、气孔，随带的袋装涂料或填料不泄露。

（17）导管应符合下列规定：

1）按批查验合格证。

2）外观检查：钢导管无压扁，内壁光滑。非镀锌钢导管无严重锈蚀，按制造标准油漆出厂的油漆完整；镀锌钢导管镀层完整，表面无锈斑；绝缘导管及配件无碎裂，表面有阻燃标记和制造厂标。

3）按制造标准现场抽样检测导管直径、壁厚及均匀度。对绝缘及阻燃有异议时，按批抽样送有资质的试验室检测。

（18）照明灯具及附件应符合下列规定：

1）查验合格证，新型气体放电灯具应有随带文件。

2）外观检查：灯具涂层完整无损伤，附件齐全；防爆灯具铭牌上有防爆标识和防爆合格证号，普通灯具有安全认证标志。

3）对成套灯具的绝缘电阻、内部接线等性能进行现场抽样验测；灯具的绝缘电阻不小于 $2M\Omega$，内部接线为铜芯绝缘电线，线芯截面不小于 $0.5mm^2$，橡胶或聚氯乙烯（PVC）绝缘电线的绝缘层厚度不小于 $0.6mm$；对游泳池和类似场所的灯具（水下灯具和防水灯具）的密闭和绝缘性能有异议时，按批抽样送有资质的试验室检测。

（19）开关、插座、接线盒和风扇及其附件应符合下列要求：

1）查验合格证。防爆产品有防爆标识和防爆合格证号，实行安全认证制度的产品有安全认证标志。

2）外观检查：开关、插座的面板及接线盒盒体完整、无碎裂、零件齐全、风扇无损坏，涂层完整，调速器等附件适配。

3）对开关、插座的电气和机械性能进行现场抽样检测，检测规定如下：

①不同极性带电部件间的电气间隙距离不小于 3mm。

②绝缘电阻不小于 $5M\Omega$。

③用自攻锁紧螺钉或自切钉安装的，螺钉与软塑固定件旋合长度不小于8mm，软塑固定件在经受 10 次拧紧和退出试验后，无松动或掉渣，螺钉及螺纹无损坏现象。

④金属间旋合的螺钉或螺母，拧紧后完全退出，反复 5 次仍能正常使用。

4）对开关、插座、接线盒及面板等塑料绝缘材料阻碍燃烧性能有异议时，按批抽样送有资质的试验室检测。

（三）施工工序交接确认

（1）建筑电气工程施工前，应与相关各专业进行交接质量检验，并形成记录。

（2）隐蔽工程应在隐蔽前，经验收各方检验合格后，方可隐蔽并形成记录。

（3）除设计要求外，承力建筑钢结构件上，不得采用熔焊连接固定电气线路、设备和器具的支架、螺栓等部件；严禁热加工开孔。

（4）建筑电气工程应掌握好施工工序，各工序按施工技术标准进行质量控制，各工序完成后，应经过自检、交接检和专职人员检查，并形成记录。未经监理

（建设单位）检查认可，不得进行下道工序。

（5）架空线路及杆上电气设备的安装工序如下：

1）线路方向和杆位及拉线坑位应依据设计图纸位置测量埋桩后，经检查确认，才能挖掘杆坑和拉线坑。

2）杆坑、拉线坑的深度和坑形，事关线路抗倒伏能力，必须按照设计图纸或施工大样的规定进行验收，并经检查确认，才能立杆和埋设拉线盘。

3）杆上高压电气设备和材料，要按规定进行交接试验，合格后，才能通电。

4）架空线路作绝缘检查，且经单相冲击试验，合格后，才能通电。

5）架空线路的相位经检查确认后，才能与接户线连接。

（6）变压器、箱式变电所安装施工工序如下：

1）变压器、箱式变电所的基础合格，且对埋入基础的电线导管、电缆导管、变压器进出线预留孔及相关预埋件进行检查，经核对无误码后，才能安装变压器、箱式变电所。

2）杆上变压器的支架紧固后，才能吊装变压器且固定。

3）变压器及接地装置交接试验合格，才能通电，除杆上变压器视具体情况在安装前或安装后做交接试验外，其他的均应在安装就位后作交接试验。

（7）成套配电柜、控制柜（屏、台）和电力配电箱、照明配电箱（盘）安装施工程序如下：

1）埋设基础型钢；柜、屏、台下的电缆沟等相关建筑物检查合格，才能安装柜、盘、台。

2）室外落地电力配电箱，需基础验收合格，且对埋入基础的电线导管、电缆导管进行检查，才能安装箱体。

3）墙上明装的电力、照明配电箱（盘）的预埋件（金属预埋件、螺栓）在抹灰前预留或预埋；暗装的电力、照明配电箱箱体的预留孔和电力、照明配线的线盒及配线的电线导管等，经检查确认到位，才能安装配电箱（盘），且应与土建施工同步预埋；建筑物墙壁面装修完成后，才能安装配电箱内的元器件和接线。

4）在柜、屏、台、箱、盘的接地（PE）或接零（PEN）连接完成后，核对柜、屏、台、箱、盘的元件规格、型号，且交接试验合格，才能投入运行。

（8）低压电动机、电加热器及电动执行机构应在绝缘电阻测试合格后，再与机械设备完成连接，经手动操作符合工艺要求，才能进行接线。

（9）柴油发电机组安装施工序如下：

1）基础验收合格后，才能安装机组。

2）地脚螺栓固定的机组经初平、螺栓孔灌浆、精平、紧固地脚螺栓、二次灌浆等机械安装程序；安放式的机组将底部垫平、垫实。

3）油、气、水冷、风冷、烟气排放等系统和隔振防噪声设施安装完成，经检查无油、水泄漏；按设计要求或消防规定的消防器材齐全到位；发电机静态试验、随机配电盘控制柜接线检查合格，才能空载试运行。

4）柴油机空载试运行和试验调整合格，才能负荷试运行。

5）在规定时间内，连续无故障试运行合格，才能投入备用状态。

（10）不间断电源要按产品技术要求进行试验调整，经检查确认后，才能接至馈电网路。

（11）低压电气设备试验和试运行施工程序如下：

1）设备的可接近裸露导体接地（PE）或接零（PEN）连接完成，经检查合格，才能进行试验。

2）电力成套配电（控制）柜、屏、台、箱、盘的交流工频耐压试验、保护装置动作合格，才能进行试验。

3）控制回路模拟动作试验合格，盘车或手动操作，电气部分与机械部分的转动或动作协调一致，经检查确认，才能空载试运行。

（12）裸母线、插接母线、封闭母线安装施工程序如下：

1）变压器、高低压成套配电柜、穿墙套管及绝缘子安装就位，经检查合格，才能安装高低压配电柜的母线。

2）封闭、插接母线安装，在结构封顶、室内底层地面施工完成或已确定地面标高、场地清理、层间距离复核无误后，才能确定支架的设置位置。

3）与封闭、插接母线安装位置有关的管道、空调及建筑装修工程施工基本结束后，确认扫尾工程不会影响已安装的母线，才能安装母线。

4）封闭、插接母线每段母线组对接线前，要对每段母线的绝缘电阻进行测试，绝缘电阻值大于 20MΩ，才能安装组对。

5）母线支架和封闭式插接母线外壳接地（PE）或接零（PEN）连接完成，母线绝缘电阻测试和交流工频耐压试验合格后，才能通电。

（13）电缆桥架和桥架内电缆敷设施工工序如下：

1）测量定位安装好桥架的支架，经检查确认后，才能安装桥架。

2）桥架安装经检查合格后，才能敷设电缆。

3）电缆敷设前经绝缘测试合格后，才能敷设。

4）电缆电气交接试验合格，且对接线去向、相位和防火隔堵措施等按施工设计的位置和要求，检查确认后，才能通电。

（14）电缆在沟内、竖井内支架上敷设的施工程序如下：

1）清除电缆沟、竖井内的施工临时设施、模板及建筑废料等，测量定位后，才能安装支架。

2）电缆沟、竖井内支架及电缆导管敷设结束，接地（PE）或接零（PEN）与电缆支架及电缆导管连接完成，经检查确认后，才能敷设电缆。

3）电缆敷设前经绝缘测试合格后，才能敷设。

4）电缆电气交接试验合格，且对接线去向、相位和防火隔堵措施等检查确认后，才能通电和投入运行。

（15）电线导管、电缆导管和线槽敷设施工程序如下：

1）埋入混凝土中的非镀锌导管外壁不作防腐处理外，其他场所非镀锌导管内、外壁均作防腐处理，经检查确认后，才能配管。

2）室外直埋导管的路径、沟槽深度、宽度及垫层处理经检查确认，才能埋设导管；但电线钢导管室外埋设的长度不应大于 15m。

3）混凝土墙体内导管敷设，导管经弯曲加工及管与盒（箱）连接后，经检查确认合格才能配合土建在墙体内敷设。

4）框架结构隔墙内导管敷设，导管经截料和弯曲加工及管与盒（箱）连接后，方可连接梁内引出的导管或套管，经检验确认合格，才能敷设。

5）现浇混凝土内配管地底层钢筋绑扎完成，上层钢筋未绑扎前敷设，经检查确认，才能绑扎上层钢筋及捣浇混凝土。

6）现浇混凝土墙体内的钢筋网片绑扎完成，门、窗等位置已经放线，经检查确认，才能进行墙体内配管。

7）被隐蔽的接线盒和导管在隐蔽前经检查合格，才能隐蔽。

8）在梁、板、柱、墙等部位明配管的导管套管、埋件、支架等检查合格，土建装修完工后，才能进行配管。

9）吊顶内的灯位及电气器具位置先放样，且与土建及各专业施工单位商定并配合施工，才能在吊顶内配管。

10）顶棚和墙面的喷漆、油漆或壁纸等基本完成，才能敷设线槽、槽板。

（16）电线、电缆穿管及线槽敷线施工程序如下：

1）金属的导管盒（箱）或金属线槽接地或接零（PEN）及其他焊接施工完成，经检查确认，才能穿入电线、电缆及线槽内敷线。

2）土建工程装修完成，与导管连接的柜、屏、台、箱、盘安装完成，管内积水及杂物清理干净，经检查确认，才能穿入电缆、电线。

3）电缆穿管前绝缘测试合格，才能穿入导管。

4）电线、电缆交接试验合格，且对接线去向和相位等检查确认，才能通电。

（17）钢索配线的预埋件及预留孔，应预留、预埋完成；装修工程除地面外基本结束，才能吊装钢索及敷设线路。

（18）电缆头制作和接地施工程序如下：

1）电缆头的引线方向及连接长度和电缆绝缘测试经检查确认，才能制作电缆头。

2）控制电缆绝缘电阻测试和校线合格，才能接线。

3）电线、电缆交接试验和相位核对合格，才能接线。

（19）各类灯具安装施工程序如下：

1）安装灯具的预埋螺栓、吊杆和吊顶上嵌入式的灯具安装专用骨架等完成，大型灯具按设计要求做承载试验合格，才能安装灯具。

2）影响安装的模板、脚手架拆除；顶棚和墙面喷漆、油漆或壁纸及地面清理工作基本完成后，才能安装灯具。

3）导线绝缘测试合格，才能进行灯具接线。

4）高空安装灯具，在地面通断电试验合格，才能安装。

（20）照明开关、插座、风扇安装施工程序如下：

吊扇的吊钩预埋完成；电线绝缘测试合格，顶棚和墙面喷漆、油漆或壁纸等应基本完成，经检查确认，才能安装开关、插座和风扇。

（21）照明系统测试和通电试运行施工程序：

1）电线绝缘电阻测试前电线的接线完成。

2）照明箱（盘）、灯具、开关、插座的绝缘电阻测试在就位前或接线前完成。

3）备用电源或事故照明电源做空载自动投切试验前拆除负荷，空载自动投切试验合格，才能做有负荷投切试验。

4）电气器具及绝缘电阻测试合格，才能通电试验。

5）照明全负荷试验必须在本条的1）、2）、4）款完成且试验成功后才能进行。

（22）接地装置施工程序：

1）建筑物主体接地体要在底板钢筋敷设完成，按设计要求作接地施工，经检查确认，才能进行支模或浇捣混凝土。

2）人工接地体应先按设计要求位置开挖沟槽，经检查确认，才能打入接地极和敷设地下接地干线。

3）接地模块应按设计位置开挖接地模块坑，并将接地干线引至接地模块上，依据模块供应商提供的技术文件，经检查确认无误后才能相互焊接。

4）接地装置的隐蔽应在检验合格以后，才能覆土回填。

（23）引下线安装的施工程序如下：

1）利用建筑物内主筋作引下线，在柱内主绑扎后，按设计要求施工，经检查确认，才能支模。

2）直接从基础接地体或人工接地体暗敷埋入粉刷层内的引下线，经检查确认不外露。

3）直接从基础接地体或人工接地体引出明敷的引下线，先埋设或安装支架，经检查确认，才能敷设引下线。

（24）接闪器安装要在接地装置和引下线施工完成后，才能安装且与引下线连接。

（25）等电位联结施工程序如下：

1）总等电位联结时，对可作导体接地体的金属管道入户处和供总等电位联结的接地干线的位置要检查确认后，才能安装焊接总等电位端子板，按设计要求作总等电位联结。

2）对有特殊要求的建筑金属屏蔽网箱，网箱施工完成，经检查确认，才能与接地线连接。

（26）防雷接地系统测试：接地装置施工完成后，测试应合格；避雷接闪器安装完成后，将整个防雷系统连成回路，才能进行系统测试。

五、质量检验评定（见任务三）

任务二　建筑电气安装工程分部分项工程施工

【引导问题】

1. 变配电设备安装工作包括哪些内容？

2. 电缆敷设的方式有几种？

3. 如何安装电动机及起动控制装置？

4. 防雷接地装置安装。

5. 室内配线。

6. 电气照明。

【任务目标】

掌握电气工程施工有验收规范；具备组织施工，技术指导与检查监督工程质量的能力。

一、变配电设备安装

（一）变压器安装

1. 变压器安装前的检查内容

（1）外观检查。开箱检查，变压器的铭牌、规格等有关数据，应与设计图纸相符；器身检查，表面无损伤。

（2）绝缘检查。测量变压器对低压、对地的绝缘电阻，测试阻值应在 450MΩ以上，变压器的绝缘电阻若低于设计规定，应对变压器进行干燥处理；绝缘油的耐压试验，试验电压 25kV。绝缘油耐压低于规定值，应对变压器油进行过滤。

2. 变压器就位安装

变压器安装时应注意高低压侧的安装位置，对装有瓦斯继电器的变压器，应使顶盖沿瓦斯继电器气流方向有 1%～1.5% 的升高坡度，变压器就位后，应将滚轮加载固定，高低压母线中心线应与套管中心一致。

3. 变压器投入运行时的检查

变压器投入运行时进行全面检查，检查内容如下：

（1）各处完好，相色正确。

（2）变压器接地良好，套管清洁完整。

（3）高低压引出线连接良好。

（4）全部电器试验项目结束并合格。

（5）变压器上无残留材料及工具。

4. 变压器冲击试验

变压器冲击试验时，对中性点接地的变压器，中性点必须接地，第一次通电后，持续时间不少于 10min，5 次冲击应无异常情况，保护装置不应误动作。

（二）配电设备安装

各种盘、箱、柜是配电设备的重要设备，其安装工序包括：基础埋设、开箱检查及搬运、立柜和开关的调整，盘柜校线及控制电缆头的制作及压线等。

1. 基础槽钢埋设

各种盘、柜、屏一般都安装在基础型钢框架上，型钢的埋设方法有两种：

（1）直接埋设法。此种方法是在土建打混凝土时，按图纸设计的规格和标高直接将槽钢埋设好，并操平找正。

（2）预留埋设法。此种方法是随土建埋好基础槽钢的地脚螺栓，槽钢顶部宜高出室内抹光地面 10mm，安装手车式开关柜时槽钢顶部与地面一致（如图 3-1、图 3-2 所示）。

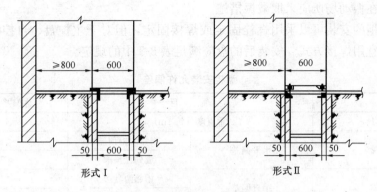

图 3-1　配电箱基础型钢放置方式

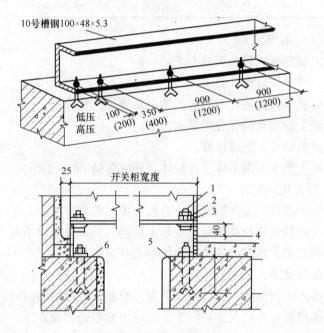

图 3-2　基础型钢安装

1—M12螺栓；2—弹簧垫圈；3—垫圈；4—地坪；5、6—地脚螺栓

2. 开箱检查、清扫与搬运

盘、柜、箱到现场后，应及时进行开箱检查、清扫，并核对以下内容：

（1）规格、型号是否与设计图纸相符；可以临时标注盘箱柜的名称和编号及安装位置。

（2）检查零部件配件是否齐全，文件资料是否齐全。

（3）检查无缺损和受潮时，填写开箱记录，受潮部件应干燥。

（4）吹扫干净，仪表应交试验部门进行检验和调校（通常设备厂家调试合格后出厂，对于计量电度表，则由当地电业局来供应和校验）。

3. 盘、柜组立

盘、柜组立时，应按设计要求安装在指定位置。柜较少时，先从一端调整好第一台柜，再调整安装其他的柜；柜较多时，先安装中间一台，再调整安装两侧柜。安装在振动场所应采取减振措施。

盘、柜的安装可以采用螺栓固定或焊接固定，但对于主控盘、自控盘、继电保护盘不宜用焊接方式。安装后的盘应满足表 3-3 中的规定。

盘柜安装允许偏差 表 3-3

项 次	项 目		允许偏差（mm）
1	垂直度（每 1m）		<1.5
2	水平偏差	相邻两柜顶部	<2
		成列盘顶部	<5
3	垂直偏差	相邻两盘边	<1
		成列盘间	<5
4	盘间接缝		<2

4. 盘、柜上电器安装

盘、柜上电器安装应符合下列要求：

（1）规格、型号符合设计要求。

（2）所安电器单独拆装，不影响其他电器安装及校线。

（3）盘、柜上的所有的导线应是铜芯的。

（4）端子排列整齐、绝缘良好。

（5）盘、柜上所有的带电体、接地体之间应保持 6mm 的距离。

5. 手车式开关柜的安装

手车式开关柜的特点是性能完善、安装简单、检修方便。

手车式开关柜的安装与高压开关柜基本相同，但应注意以下几点：

（1）应检查五防装置是否齐全，动作是否灵活可靠。

（2）手车推拉灵活、轻便。

（3）手车推入工作位置时，动触头顶部与静触头底部的间隙应符合产品要求。

（4）安全隔离板应开启灵活，随手车的进出而相应地动作。

（5）手车与柜体的接地触头应接触紧密，手车推入时，其接地触头比主触头先接触；拉出时，接地触头比主触头后断开。

6. 二次接线安装

一次设备有变压器、断路器、隔离开关、负荷开关、电力电缆等，二次设备有计量仪表、继电保护装置、自动控制装置等。二次接线是对二次设备进行控制、检测、操作、计量、保护等全部低压回路的接线。

二次回路的安装是依据二次接线图进行的。二次接线图有：原理接线图、展开接线图、屏背面接线图等。

在原理图中，用规定的符号画出所表示的二次回路所属的各元器件及它们之间的联系。

在展开接线图中，交流电流、电压回路和直流回路等分别绘出。

屏背面接线图是盘柜接线使用的图样，屏背面接线图是相对编号法绘制的，屏背面接线图表示二次回路保护的安装接线图及二次回路中各元器件的具体连接关系和元器件的安装位置。屏背面接线图纸在施工中要妥善保管，竣工后交建设单位。

7. 盘柜内配线与校接线

（1）盘内校接线

盘内校接线的目的是检查制造厂家所配的二次配线是否正确，如有错误应加以改正。

（2）盘柜内配线

盘柜内配线是将导线按施工图要求，以一定的方式排列起来，既要满足设计要求，又要美观。

盘柜内配线规定用铜芯线，电压回路的截面不小于 $1.5mm^2$，电流回路的导线截面不小于 $2.5mm^2$，引至开启门上的导线，要用多股铜芯软线。

（3）配线的方式

1）平行配线法。是目前常用的配线方法，导线煨弯如图 3-3 所示。

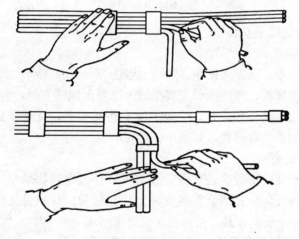

图 3-3　导线煨弯

2）成束接线法。这种方法是将同走向的导线用尼龙绳或塑料带捆扎在一起，其断面成圆形，如图 3-4 所示。

无论哪种方法，配线基本分放线、排线和接三个步骤。

当位置比较窄且有大量导线需要接向端子时，宜采用多层分列法，否则宜采

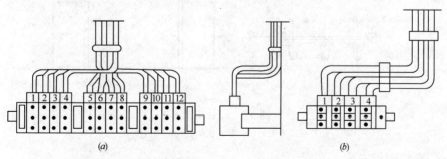

图 3-4　导线多层分列法

（a）导线多层分列法；（b）导线单层分列法

有单层分列法。

除单层和多层外，也可以采用扇形分列法，如图 3-5 所示。

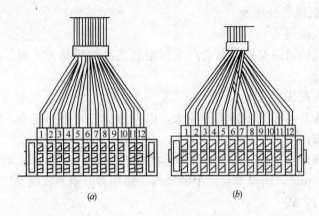

图 3-5　导线扇形分列

(a) 单层；(b) 双层

（三）母线与绝缘子安装

1. 绝缘子安装

（1）绝缘子检查。表现无损伤，绝缘电阻达 $800\sim1000\mathrm{M\Omega}$ 为合格。

（2）底脚螺栓预埋。当绝缘子安装在墙上混凝土构件上时，需埋设地脚螺栓。

（3）各种支架的制作和安装。绝缘子固定在支架上，支架固定在盘间。变配电装置中绝缘子的支架有多种，如图 3-6 所示。

2. 穿墙套管安装

穿墙套管用于变电所配电装置引导导电部分穿过建筑物墙壁，其作用是使导体与地绝缘及支持导体。穿墙套管的安装方式有两种。其一是土建预制混凝土穿墙套管板，如图 3-7 所示，其二是角钢制成框架（用 $50\times50\times5$ 角钢，厚度为 $3\sim5\mathrm{mm}$ 钢板，开孔后固定在框架上），其作法如图 3-8 所示。

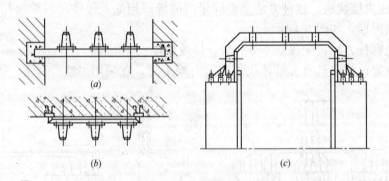

图 3-6　母线支架

(a) 梁式支架；(b) 墙式支架；(c) 户内桥架

3. 穿墙隔板安装

穿墙隔板在母线过墙处安装，起绝缘和封闭作用。用 $40\times40\times4$ 角钢或 $30\times$

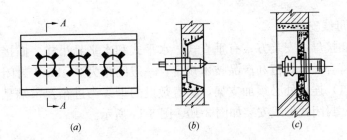

图 3-7　在混凝土穿板上的套管安装

(*a*) 穿墙板；(*b*) 户内安装的 A-A 剖面；(*c*) 户外安装时的 A-A 剖面

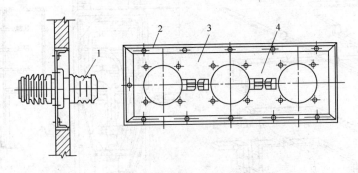

图 3-8　金属穿墙板上的套管安装

1—穿墙套管；2—角钢框；3—钢板；4—铝压板

30×4 角钢制成框架后，固定在预留孔内，将塑料板或电木板按图 3-9 所示加工，安装在角钢框内，用螺钉拧紧。母线在槽中穿过，安装好后的缝隙不大于 1mm，过墙板缺口与母线保持 2mm 空隙。角钢框架应可靠接地。低压母线过墙板安装如

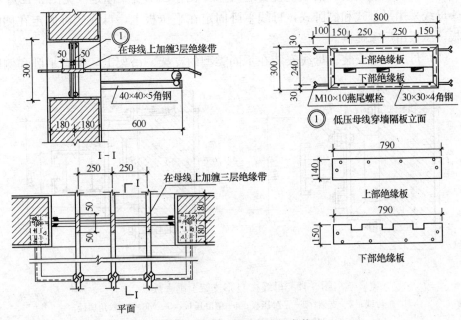

图 3-9　低压母线过墙板安装

图 3-9 所示。

4. 插接母线安装

封闭式插接母线安装方式有垂直式、水平式和水平悬吊式。插接母线支架固定点间距应符合设计规范和产品技术规定，一般间距为 2～3m，封闭母线的拐弯处及与箱（盘）连接处必须加支架，垂直敷设的母线当进箱及末端悬空时，应采用支架固定。封闭式母线安装如图 3-10、图 3-11 所示。

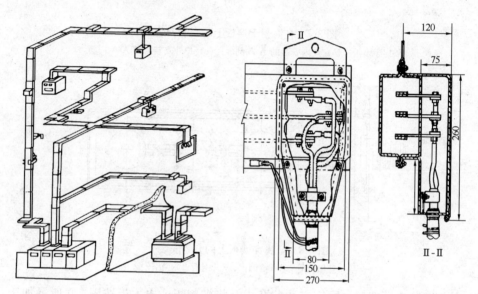

图 3-10 封闭式母线安装示意图　　　图 3-11 母线槽与进线盒的连接

（1）母线垂直安装、沿墙垂直安装，可以采用 U 形支架固定（见图 3-12）。

母线采用平卧式和侧卧式，母线平卧固定在平压板上，母线侧卧固定在侧卧压板，压板由厂家提供。

（2）母线水平安装。母线安装在不同类型的支架、吊架上，也有平卧和侧卧

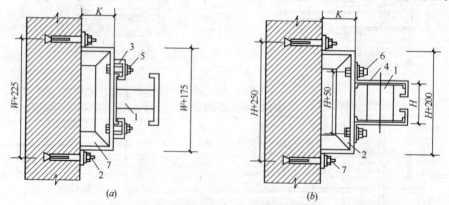

图 3-12 母线在 U 形支架上垂直敷设

1—母线；2—支架；3—平卧压板；4—侧卧压板；5—M8×56 六角螺栓；
6—M8×20 六角螺栓；7—M12×110 膨胀螺栓

之分，压板由厂家提供。母线水平安装如图 3-13 所示。

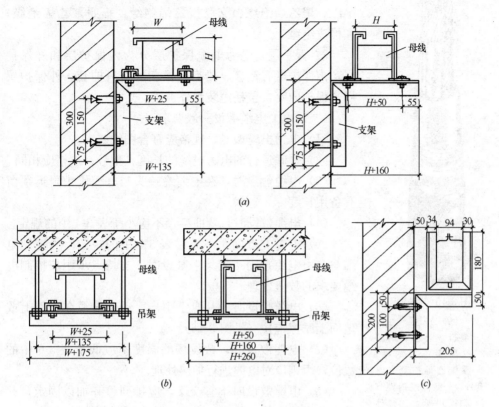

图 3-13　母线在支、吊架上水平安装

（a）在墙体角钢支架上安装；（b）在楼板吊架上安装；（c）MC 型母线在角钢支架上安装

（四）低压配电系统

低压配电系统由配电盘和配电线路组成，配电方式有放射式、树干式及混合式等数种，一般在高层建筑中采用混合式；要求供电可靠性较高的场所，一般采用放射式。配电方式见图 3-14。

二、电缆敷设

（一）电缆的种类和基本结构

（1）电缆的种类及型号见电气工程常用材料中的内容。

（2）电缆的结构：由导电线芯、绝缘层和保护层 3 个部分组成（见图 3-15）。

1）导电线芯分为单芯、双芯、三芯、四芯和五芯；电缆线芯的形状有圆形、椭圆形和扇形。材质有铜和铝两种。

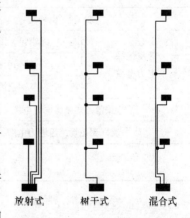

图 3-14　配电方式示意图

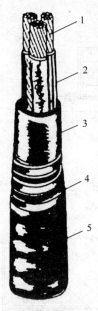

图 3-15 交联聚乙
烯电力电缆

1—缆芯（铜芯或铝芯）；
2—交联聚乙烯绝缘层；
3—聚氯乙烯护套（内护
套）；4—钢铠或铝铠（外
护套）；5—聚氯乙烯外套
（外护层）

2）电缆绝缘层：可分为纸绝缘、塑料绝缘（聚氯乙烯绝缘、聚乙烯绝缘、交联聚乙烯绝缘、辐照聚乙烯绝缘）和橡皮绝缘。

3）保护层：电力电缆保护层分为内保护层和外保护层，内保护层有铝套、铅套、橡套、塑料护套。外保护层用来保护内套，包括铠装和外被层。

（二）电力电缆敷设一般要求

（1）电力电缆型号、规格应符合图纸要求。

（2）并联运行的电力电缆的长度、型号、规格应相同。

（3）电缆敷设时，在电缆终端头与电缆接头附近须留有备用长度。

（4）电缆敷设时，弯曲半径不应小于表 3-4 中的规定。

（5）电缆支点间距不超过表 3-5 中的规定；当控制电缆与电力电缆在同一支架上敷设时，支持点步距按控制电缆要求的数值处理。

（6）电缆敷设时应从盘上引出，避免电缆在支架上或地面上摩擦拖拉（见图 3-16）。

（7）电缆敷设时，敷设场的温度不应低于表 3-6 中的数值，否则应对电缆进行加热处理。

（8）电缆敷设时不宜交叉，应排列整齐加以固定，并及时装设标志牌，装设标志牌应符合下列条件：

1）电缆终端头、电缆接头、拐弯处、夹层内及竖井的两端等处应设标志牌。

电缆最小允许弯曲半径与电缆外径比值 　　　　　　　　　　　　　　表 3-4

电缆形式		多芯	单芯
控制电缆		10	
橡皮绝缘电力电缆	无铅包、钢铠护套	10	
	裸铅包护套	15	
	钢铠护套	20	
聚氯乙烯绝缘电力电缆		10	
交联聚乙烯绝缘电力电缆		15	20

电缆支点间的距离 　　　　　　　　　　　　　　表 3-5

电缆种类		敷设方式	
		水平（mm）	垂直（mm）
电力电缆	全塑型	400	1000
	除全塑型外的中低压电缆	800	1500
控制电缆		800	1000

图 3-16　电力电缆滚轮敷设方式

电缆最低允许敷设温度　　　　　　　　　　　表 3-6

电 缆 型 号	电 缆 结 构	电缆最低允许敷设温度（℃）
橡皮绝缘电力电缆	橡皮或聚氯乙烯护套	−15
	裸铅包护套	−20
	铅护套钢带铠	−7
塑料绝缘电力电缆		0
控制电缆	耐寒护套	−20
	橡皮绝缘聚氯乙烯护套	−15
	聚氯乙烯聚氯乙烯护套	−10

2）标志牌上应注明线路的编号（当设计无编号时应写明规格、型号及起始点）。

3）标志牌的规格应一致，悬挂应牢固。

（9）电力电缆接头盒的位置应符合要求。地下并列敷设的电缆，接头盒的位置应相互错开；接头盒的外面应有保护盒，以防止机械外力损坏（环氧树脂接头盒除外）。位于冻土层的保护盒，盒内应注满沥青，以防水分进入盒内而冻胀损坏电缆头。

（10）电缆进入电缆沟、竖井、建筑物及穿入管子时，出口应密封，管口应密封。

（三）直埋电缆的敷设

直埋电缆的敷设，就是将电缆放入已挖好的沟内。适用于电缆根数较少，敷设距离较长的线路。其方法如图 3-17 所示。

1. 开挖电缆沟

按图纸用白灰在地面上划出电缆行径的线路和沟的宽度，电缆沟的宽度取决于电缆的数量。电缆沟的深度一般要求不小于 800mm，电缆接头的两端及引入建筑和引上电杆处须挖出备用电缆的预留坑。

2. 预埋电缆保护管

图 3-17　10kV 以下电缆沟的形状
1—保护板；2—10kV 以下电力电缆；
3—控制电缆；4—砂或软土

当电缆与铁路、公路交叉时，穿过楼板、墙壁及其他可能受到机械损伤的地方，应埋设电缆保护管，然后将电缆穿在管内。其保护管顶面距轨道底或公路面的深度不小于 1m，管的长度除满足路面宽度外还应各伸出 1m。管的内径应不小于电缆直径的 1.5 倍。采用钢管应在埋设前将管口加工成喇叭形。

3. 敷设电缆

按线路的具体情况配置电缆长度，注意不要把电缆接头放在道路交叉处，电缆敷设常用的方法有两种，人工敷设和机械牵引敷设，先将电缆盘稳固地架设在放线架上，使它能自由地活动。电缆放在沟底，不要拉得很直，电缆的上下需铺设不小于 100mm 厚的细砂，再在上面铺盖一层砖或水泥预制盖板，沿电缆线路的两端和转弯处均应竖立一根露在地面上的混凝土标桩。

4. 电缆进入建筑物前预留的做法（见图 3-18）

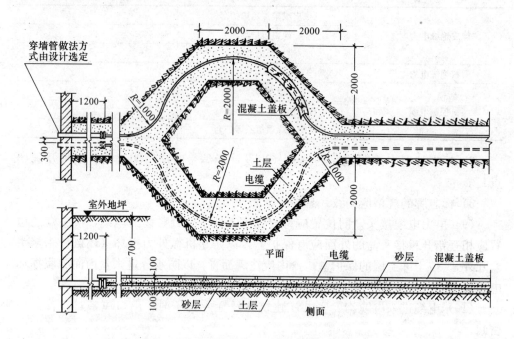

图 3-18 电缆进入建筑物前的备用长度做法图

（四）电缆在电缆沟内敷设

电缆在电缆沟内敷设是室内常见的电缆敷设方法。电缆沟一般设在地面下，由混凝土浇筑或用砖筑而成，电缆敷设要求如下：

（1）电缆沟底应平整，室外电缆沟应有 1‰的坡度，沟内要保持干燥，沟壁沟底应采用防水砂浆抹面。室外电缆沟每隔 50m 左右设一个集水坑，以便及时将沟内积水排出。

（2）支架上的电缆排列应按设计要求，电力电缆和控制电缆应分开排列，将控制电缆放在电力电缆下面，1kV 以下电缆应放在 10kV 以下电力电缆的下面。

（3）支架必须可靠接地并做防腐处理；支架的间距见表 3-5。

（4）当电缆须在沟内穿越墙壁或楼板时，应穿钢管保护。

（5）电缆敷设完后，将电缆沟盖板盖好。

室外电缆沟敷设如图 3-19、图 3-20 所示。

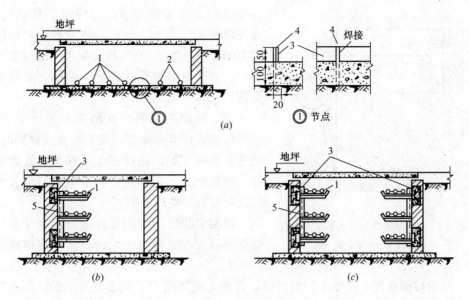

图 3-19　室内电缆沟

（a）无支架；（b）单侧支架；（c）双侧支架

1—电力电缆；2—控制电缆；3—接地线；4—接地支持件；5—支架

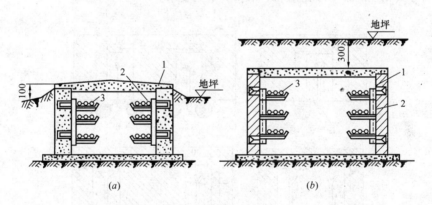

图 3-20　室外电缆沟

（a）无覆盖层；（b）有覆盖层

1—接地线；2—支架；3—电缆

（五）电缆沿墙敷设

电缆沿墙敷设可分为垂直敷设和水平敷设。电缆水平敷设，可使用挂钉和挂钩安装电力电缆吊挂间距 1m，控制电缆间距应为 0.8m；垂直敷设可利用钢支架敷设，支架的固定可根据支架的形式采用不同的方法，可用预埋件焊接，可用预埋件或膨胀螺钉固定，其支架间距，控制电缆应为 1m，电力电缆应为 1.5m。如图 3-21 和图 3-22 所示。

（六）电缆沿桥架敷设

电缆桥架由托盘及梯架和其他附件组成（见图 3-23），可以根据图纸和现场实际情况加工。

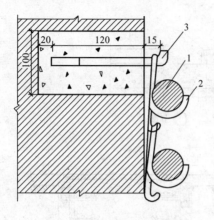

图 3-21　电力电缆沿墙水平吊挂敷设

1—电缆；2—卡子；3—挂钉

（1）支吊架的安装。电缆水平敷设时，支撑跨距一般为 1.5～3m，垂直敷设时，固定点间距不宜大于 2m（桥支架吊架的位置见图 3-24，为电缆桥架在棚上、墙柱上安装示意图）。

（2）桥架的安装。支吊架安装完毕后，就可以安装托盘和梯架，安装托盘或梯架时，应先从始端开始，始端托盘或梯架位置确定好，将夹板或压板固定，再沿电缆的全长逐段进行安装（见图 3-23）。

桥架组装使用专用附件进行，应注意连接点不能放在支撑点上，最好放在支撑跨距 1/4 处。

几组桥架在同一高度平行敷设时，各相邻桥架间为了便于管理维护，应事先考虑好操作距离，一般不宜小于 0.6m。

（3）电缆桥架与各种管道平行或交叉敷设时，为了避免其他管道对电缆线路的影响，其相互间最小净距应符合表 3-7 中的要求。

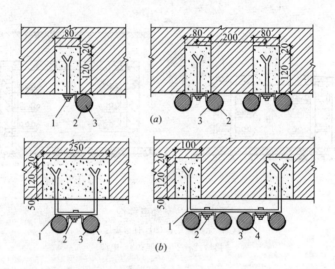

图 3-22　电力电缆在支架上沿墙垂直敷设

（a）电缆在墙上用卡子安装；（b）电缆在扁钢上安装

1—地脚螺栓；2—卡子；3—电缆；

1—H 形支架；2—螺栓；3—电缆；4—卡子

电缆敷设应注意将其敷设位置排列好，避免出现交叉现象，并应单层敷设和排列整齐，垂直敷设的电缆应每隔 1.5～2m 进行固定，水平敷设的电缆应在电缆的首末端转弯处固定。电缆的首尾处、转弯处及每隔 50m 设标志牌。电缆敷设完毕后，应及时清理架内杂物，有盖板的盖好盖板。

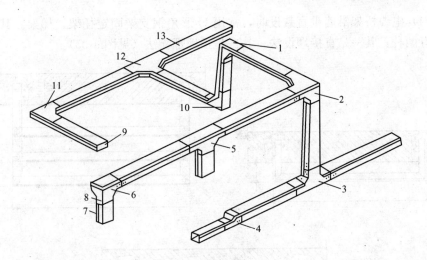

图 3-23　无孔托盘安装示意图

1—垂直上弯通；2—上角垂直三通；3—下边垂直三通；4—异径接头；5—上边垂直三通；
6—垂直右上弯通；7—直线；8—连接螺栓；9—终端封头；10—垂直下弯通；
11—水平弯通；12—水平三通；13—直线段桥梁

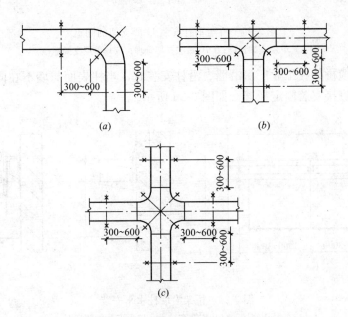

图 3-24　桥架支、吊架位置

(a) 直角二通；(b) 直角三通；(c) 直角四通

电缆桥架与各种管道最小净 表 3-7

管 道 类 别		平行净距（m）	交叉净距（m）
一般工艺管道		0.4	0.3
具有腐蚀性气体（或液体）的管道		0.5	0.5
热力管道	有保温层	0.5	0.5
	无保温层	1	1.0

（4）电缆桥架沿墙垂直敷设时，常用 U 形角钢支架固定托架、梯架。其安装方法有两种：其一是直接埋设法；其二是预埋螺栓法（见图 3-25）。

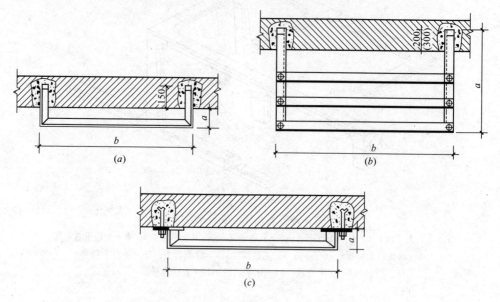

图 3-25　桥架垂直安装 U 形支架的固定

（a）单层支架预埋；（b）多层支架预埋；（c）单层支架螺栓

（5）电缆桥架在工业厂房沿墙、沿柱安装时，当柱表面与墙不在同一平面时，在柱上可以直接安装固定托臂，如图 3-26 所示。

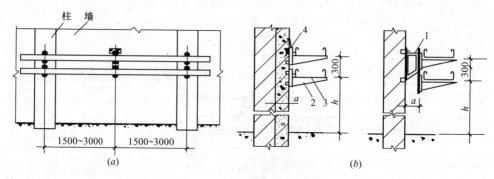

图 3-26　桥架沿墙柱水平安装

（a）正视图；（b）支架在柱上、墙上安装的侧视图

1—支架；2—托臂；3—梯架；4—膨胀螺栓

（七）电缆终端头和接头制作

电缆头制作是电缆施工中技术要求最高的一道工序，制作质量的好坏对电缆的绝缘、密封性能影响很大，是电缆能否安全运行的主要因素。电缆端部和设备连接处的电缆接头称为终端头。因电缆长度不够，线路中间两根电缆的连接处的接头称为电缆中间接头。根据电缆型号和使用环境的不同，电缆接头有各种不同的形式。

1. 电缆头制作的一般工序

（1）准备工作。电缆自剥开保护层后，要尽快地一次操作制作完毕，否则容易导致绝缘受潮。因此施工前要将施工工具和材料准备齐全，预先做好绝缘材料去除潮气。

（2）检查电缆。将电缆按需要长度锯断，不用部位随即用封铅将端头密封好，以免受潮，然后核对要制作电缆头部分的电缆型号、截面规格、芯数、电压等级等。

（3）测量电缆绝缘电阻。用兆欧表测量线芯之间及线芯对地（铅包或铝包）之间的绝缘电阻，3kV 及以下的电力电缆可使用 1000V 兆欧表，6～10kV 电缆应使用 2500V 兆欧表，但应作好记录。

（4）剥切电缆。电缆头安装位置确定后，割去多余长度，再按所需要的尺寸剥切电缆。

1）剥切外护层。对有钢带麻被层的电缆先用手锯锯断麻被。

2）焊接地线。接地线要用截面积为 25mm² （适用于 10kV 电缆）或 10mm²（适用于 1kV 电缆）的多股裸软铜线。接地线用单根直径 2mm 铜线绕 5 道以上绑牢，最好再用烙铁以焊锡焊牢，并使用喷灯，用封铅使接地线和铅（铝）包、钢带焊接在一起。

3）剥切电缆金属护套。按剥切尺寸，先在铅（铝）包切断处用电工刀切一环形深痕。

4）剥除统包和线芯绝缘。剥除统包绝缘时禁止采用刀割。要在喇叭口向上25mm 处用绝缘带临时包扎 3～4 层。

5）缆头制作成形。该工序随电缆的形式相差很大，诸如包缠线芯绝缘、包缠内包层、线芯套耐油套管或涂包线芯、焊接或压接线耳、外壳装配。

2. 橡塑电缆终端头制作

塑料、橡皮绝缘电力电缆，其中特别是 10kV 及以下的全塑电缆和交联聚乙烯电缆，是我国电缆工业中的新产品，目前在电缆线路装置中应用越来越广。橡塑绝缘电缆的接头分为中间连接和终端头，按其绝缘类型又可分为绕包式、浇注、模压式 3 大类。

（1）塑料、橡皮电缆终端头制作。塑料橡皮电缆终端头制作的方法是在电缆三叉口处套上塑料手套，然后在各部位用自黏性橡胶带和塑料胶粘带包缠，使之和电缆塑料护套、线芯绝缘等处全部黏结密封起来。保证电缆的施工质量和使用寿命，塑料、橡皮绝缘电缆的终端头也应做好防潮密封。塑料橡胶绝缘电缆终端头制作时，主要使用如下的附件和材料。

（2）塑料手套。塑料手套分为三叉手套和四叉手套两大类，每一类又分为大小多种规格。

（3）户外终端头用防雨罩。防雨罩用于户外塑料电缆终端头上，用硬质聚氯乙烯塑料制成。

3. 控制电缆终端头制作

控制电缆通常是铜芯塑料或橡皮绝缘电缆，端部大都位于室内，因此制作工艺更为简单。

（1）按需要长度，量出切割尺寸，剥切电缆护层和线芯间填充物。

（2）包绕塑料黏胶带，层数以套上聚氯乙烯控制电缆终端套松紧适宜为准。

（3）终端套上口与线芯结合处用塑料黏胶带包缠4～5层即可，施工时要注意整齐美观。

4. 10kV交联聚乙烯电缆塑料中间接头的制作

（1）热缩型中间接头所用主要附件和材料有：相热缩管、外热缩管、内热缩管、热熔胶带、半导体带、聚乙烯带、接地线（25mm² 软铜线）、铜屏蔽网、未硫化乙丙橡胶带等。

（2）准备工作。核对电缆规格型号，准备工具，测量绝缘电阻，确定剥切尺寸，锯割电缆铠装，清擦电缆铅（铝）包。

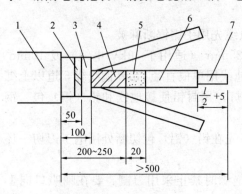

图3-27　电缆剖切尺寸

1—外护套；2—钢带卡子；
3—内护套；4—铜屏蔽线；5—半导体布；
6—交联聚乙烯绝缘；7—线芯

（3）制作方法。

1）剥切电缆外护套。先将内、外热缩管套入一侧电缆上，将需连接的两电缆端头50mm的一段的外护套剥切剥除，如图3-27所示。

2）剥除钢带。

3）剥切内护套。在距钢带切口50mm处剥切内护套。

4）剥除铜屏蔽带。自内护套切口向电缆端头量取100～150mm其余部分剥除。屏蔽带外侧20mm一段半导体布保留，其余部分去除。

5）清洗线芯绝缘、套相热缩管。为了除净半导体电簿膜，用无水乙醇清洗三相线芯交联聚乙烯绝缘层表面，并分相套入屏蔽网及相热缩管。

6）剥除绝缘、压接连接管。剥除线芯端头交联聚乙烯绝缘层，剥除长度为连接管长度的1/2加5mm，用压接钳进行压接。

7）包绕橡胶带。在压接管上及其两端裸线芯外包绕橡胶带。

8）加热相热缩管。接头两边的交联聚乙烯绝缘层上适当缠绕热熔胶带，然后将事先套入的相热缩管移至接头中心位置，用喷灯沿轴向加热，使热缩管均匀收缩。

9）焊接铜屏蔽带。

10）加热内热缩管。三根线芯并拢，用聚氯乙烯带将线芯及填料绕包在一起。

11）焊接地线。在接头两侧电缆钢带卡子处焊接接地线。

12）加热外热缩管。先在电缆外护套上适当缠绕热熔胶带，用喷灯加热使之均匀收缩。

交联聚氯乙烯电缆热缩中间头结构如图3-28所示。

5. 干包式终端头的制作

这种形式的终端头是用软"手套"和塑料带干包成形的。制作干包式终端头所用的主要材料有软手套、塑料套管、塑料带、黄腊带（纤维带）、尼龙绳、工业凡士林、接线端子、硬脂酸和封铅。

（1）准备工作。把需用的工具和材料等准备齐全。按施工图纸核对电缆型号规格等。如经过检查发现有潮气存在时，应逐段把受潮部分电缆割掉，然后测量绝缘电阻，1kV 及其以下的电力电缆，可使用 1000V 兆欧表，6～10kV 的电力电缆，可使用 2500V 兆欧表，核对电缆线芯的相序，按 A、B、C 三相分别在线芯上作好标记，并与电源的相序一致。

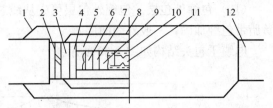

图 3-28　交联聚氯乙烯电缆热缩中间头结构

1—外热缩管；2—钢带卡子；3—内护套；4—铜屏蔽带；
5—铜屏蔽网；6—半导体屏蔽布；7—交联聚氯乙烯绝缘层；
8—内热缩管；9—相热缩管；10—未硫化乙、丙烯带；
11—中间接管；12—外护套

（2）剥切电缆绝缘（见图 3-29）。

（3）剥切外护层。当切除内护层时，可先用喷灯加热电缆，使表面软化，逐层撕去沥青纸，用汽（煤）油布将铅（铝）包擦拭干净。

（4）焊接地线。地线应采用多股裸铜线，其截面不应小于 10mm²，接地线与钢带的焊接点选在两道卡箍之间。

（5）剥切电缆铅（铝）包。当剥完电缆包皮，用胀口器把电缆铅（铝）包切口胀成喇叭口。

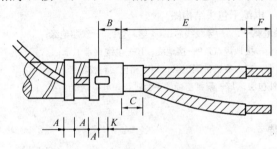

图 3-29　干包电缆终端头剥切尺寸

A—电缆卡子与卡子间的尺寸，一般等于电缆本身的铠装宽度；K—焊接地线尺寸，不分电缆的电压与截面的大小，K＝10～15mm；B—预留铅（铝）包尺寸，B＝D 铅（铝）包外径＋60mm；C—预留统包绝缘尺寸，1kV 以下时 C＝25mm，10kV 时，C＝55mm；E—绝缘包扎长度尺寸，视引出线的长度而定；F—导线裸露长度，F＝线鼻孔深度＋5mm。

（6）剥除统包绝缘和线芯绝缘纸。先将电缆外部的喇叭口以上 25mm 部分的统包绝缘纸用聚氯乙烯包缠，包缠的层数以能填平喇叭口为准，最后包两层塑料黏性包带。

（7）包缠线芯绝缘。包缠时，顺绝缘纸的包缠方向，以半遮盖方式向线芯端部包缠。

（8）包缠内包层。经过胀喇叭口分开线芯后，在喇叭口及三叉口出现了空隙，因此必须用绝缘物填满。

（9）套入聚氯乙烯手套。内包层包缠完后，在内包层末端下面 20mm 以内的一段电缆铅（铝）包上。

（10）套入塑料管。绑扎尼龙绳，手套包缠好后，就可以在线芯上套入塑料管。

（11）压接线端子（线鼻子）。压接线端子，然后用塑料带在线芯绝缘到端子筒一段包缠，并把压坑填实。

（12）包缠外包层。包缠外包层可先从线芯分叉口处开始，在塑料套管外面用黄腊带包缠加固，一般外缠两层。

电缆干包头结构如图 3-30 所示。

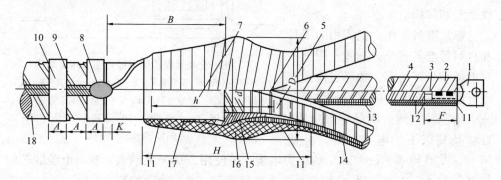

图 3-30　电缆干包头结构图

1—接线端子；2—压坑内填以环氧聚酰腻子；3—导线线芯；4—塑料管；5—线芯绝缘；
6—环氧聚酰腻子；7—电缆铅包；8—接地焊点；9—接地线；10—电缆钢带卡子；
11—尼龙绳绑扎；12—聚氯乙烯带；13—黄腊带固定层；14—相色塑料胶粘带；
15—聚氯乙烯带内包层；16—外包层；17—聚氯乙烯软手套；18—电缆钢带

三、电动机安装及控制装置安装

（一）电动机安装前的检查内容

1. 外观检查

（1）检查电动机的功率、型号、电压等应与设计相符。

（2）检查电动机的外壳应无损伤，风罩风叶完好，转子转动灵活，无碰卡声，轴向窜动不应超过规定值。

2. 绝缘检查

（1）拆开接线盒，用万用表测量三相绕组是否断路。引出线的鼻子的焊接或压接应良好，编号应齐全。

（2）使用兆欧表测量电动机的各相绕组之间的绕组及各相绕组与机壳之间的绝缘电阻。其绝缘阻值不得小于 0.5MΩ，如果不能满足，则应对电机进行干燥处理。

（3）对于绕线式电动机须检查电刷的提升装置，提升装置应标明"起动"、"运行"的标志，动作顺序应是先短路集电环，然后提升电刷。

3. 抽芯检查

建筑电气中电动机容量不大，其起动控制也不复杂，所以交接试验内容不多，主要是绝缘电阻测试和大电动机的直流电阻检测。

4. 须进行抽芯检查的电动机

（1）出厂时间已超过制造电厂保证期限，无保证期限的已超过出厂时间一年以上的电动机。

（2）在外观检查、电气试验、手动盘车和试运转中，有异常情况的电动机。

如检查电动机随带的技术文件说明不允许在施工现场进行抽芯检查，则不必对电动机进行抽芯检查。

5. 电动机抽芯检查的合格要求

（1）线圈的绝缘层完好、无伤痕、端部绑线不松动、内部清洁、通风孔无堵塞。

（2）轴承无锈斑，风扇叶无裂纹。

（3）连接用的紧固件和防松件齐全完整。

（4）其他指标符合产品技术要求。

6. 电动机安装前的要求

（1）按基础尺寸做好混凝土基础，混凝土的养护期为 15 天。

（2）埋地脚螺栓或预留孔。10kV 以上的电动机的预留孔为 100mm×100mm。固定在基础上的电动机，一般应有不小于 1.2m 的维修通道。

7. 电动机干燥方法

电动机干燥应注意以下事项：

（1）周边环境应清洁，电动机外壳接地。

（2）铁芯绕组的温度应缓慢上升，一般每小时允许温度升为 5～8℃，不得用水银温度计测量电动机的温度。

（3）定期测量绝缘电阻，并应作好记录，所使用的兆欧表不能更换，一般干燥开始每隔 0.5h 测一次绝缘电阻，温升稳定后，每隔 1h 测一次绝缘电阻。当吸收比与绝缘电阻符合要求，并在一定温度下经过 5h 稳定不变，方可认为干燥完毕。

电动机干燥的方法较多，常用的方法有外部干燥法、电流法和两种联合同时进行干燥法，还有短路电流法。

（二）电动机安装

1. 电动机的安装就位

电动机就位时，重量在 100kg 以上的电动机，可用滑轮组或手拉葫芦将电动机吊装就位。

安装电动机时，如果地脚螺栓已固定在基础上，则应将电动机与预埋螺栓紧固。否则电动机安装时要放楔形铁，在预留孔放置地脚螺栓，然后用 1∶1 的砂浆浇灌。

2. 电动机的校正

电动机就位后，即可进行纵向和横向的水平校正。

（1）皮带传动的校正。

（2）联轴器的校正。

（3）齿轮传动的校正。

（三）电动机的配管配线

1. 配管

电动机的配线施工是动力配线的一部分，是指由电力配电箱至电动机的这部分配线，通常是采用管内穿线埋地敷设的方式，如图 3-31 所示。

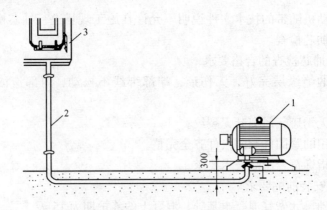

图 3-31 钢管埋入混凝土内安装方法
1—电动机；2—钢管；3—配电箱

（1）当钢管与电动机间接连接时，对室内干燥场所，钢管端部宜设电线保护软管或可挠性金属电线管后引入电动机的接线盒内，且钢管管口包扎紧密，如图 3-32（a）所示；对于室外或室内潮湿场所，钢管端部应设防水弯头，导线应加套保护软管，经弯成滴水状后，再引入电动机接线盒，如图 3-32（b）所示

（2）金属软管不应退绞、松散，中间不应有接头；与设备器具连接时，应采用专用接头，连接应密封可靠；防液型金属软管的连接处应密封可靠。

（3）与电动机连接的钢管管口与地面的距离宜大于 200mm。

（4）电动机的外壳需做接地连接。

电动机配管的安装方法如图 3-32 所示。

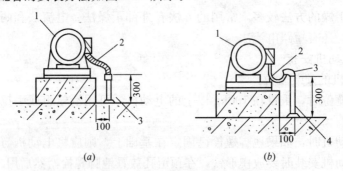

图 3-32 电动机配管的安装方法
（a）方式一；（b）方式二
1—电动机；2—金属软管；3—钢管；
1—电动机；2—护套电缆；3—防水弯头；4—钢管

2. 电动机的接线

电动机接线在电动机安装中是一项重要的工作，如果接线不正确，不仅电动机不能正常运行，还可能造成事故。接线前应查对电动机铭牌上的说明或电动机接线板上的端子数量与符号。然后根据接线图接线。电动机接线盒内裸露的不同相导线间和导线对地的最小距离应大于 8mm，否则应采取绝缘措施。

电动机接线如图 3-33 所示。

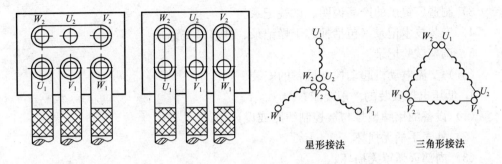

星形接法　　　　三角形接法

图 3-33　电动机接线示意图

当电动机没有铭牌或端子标号不清时，应用仪表或其他方法检测，然后确定接线方法。

（四）电动机试运行

电动机运行是电动机安装的最后一道工序，也是对安装质量的全面检查，一般电动机第 1 次启动要在空载情况下进行。空载时间为 2h，记录空载电流、机身及轴承温升，一切正常后，方可带负荷运行。

为了使电机试运行一次成功，一般应注意以下事项。

（1）电动机起动前应进行检查，确认其符合条件后，方可起动。检查项目如下：

1）安装现场清扫整理完毕，电动机本身检查结束。

2）电源电压与电动机额定电压相符，且三相电压平衡。

3）根据电动机铭牌，检查电动机的绕组接线是否正确，起动电器与电动机连接应正确，接线端子要求牢固、无松动和脱落现象。

4）电动机的保护、控制、测量、信号、励磁等回路调试完毕后，动作应正常。

5）检查电动机绕组和控制线路的绝缘电阻是否符合要求，一般不应低于 0.5MΩ。

6）电动机的引出线与导线（电缆）的连接应牢固正确，引出线端子与导线间连接要有弹簧垫圈。

7）电动机与起动器金属外壳接地线应明显可靠，接地螺栓不应有脱落或松动现象。搬动电机转子时，转动应灵活。

8）检查传动装置，皮带不能过松或过紧。

9）检查电动机所带的机械设备是否准备起动，应先试电动机的转动方向，再进行联机起动。

（2）电动机按操作程序起动，并指定专人看守，空载运行 2h，并记录，正常后带负荷运行。

（3）电动机运行中无杂声，无过热现象。

（4）电机试运行完毕后，交工验收应提交如下资料：

1）变更部分实际施工图。

2）变更设计部分的证明文件。

3）制造厂提供的产品说明、试验记录。

4）安装技术记录（包括抽芯干燥记录、抽芯检查记录）。

5）调整试验记录。

（五）交流电动机起动控制设备的安装

1. 低压电器安装的一般要求

（1）设备的铭牌型号与被控制线路或设计相符。

（2）外壳手柄无损坏。

（3）内部灭弧罩无损坏。

（4）具有触头的低压电器，触头紧密。

（5）附件齐全完好。

2. 低压电器的安装

电器的安装高度应符合设计要求，设计无要求时，其底部宜高出地面50～100mm，操作手柄中心距地宜在1200～1500mm。

3. 低压电器的外部接线

（1）接线按端子的标志进行。

（2）接线排列整齐、美观、清晰、导线绝缘应良好。

（3）电源侧进线应在进线端，负荷侧应接出线端，即可动触头接线。断电后以负荷不带电为原则。

（4）外部接线不应使电器受到额外应力。

四、防雷接地装置的安装

（一）防雷装置的安装

雷电是雷云对地面放电及雷云之间的一种自然现象，在夏季雷雨天气，由于地面上的一部分水受热后蒸发变成水蒸气，在空中遇冷空气形成积云。其中水滴受强烈气流摩擦后产生电荷，当电场较强时即发生雷云与大地之间放电，这就是雷电。雷电电流流过地面的被击物时，有极大的破坏性，其电压可高达数百万伏，其电流可高达数万安培或数十万安培，其温度可达2000℃，可见其危害极大。因此，必须根据被保护物的不同要求采取可靠防雷措施。

1. 防止直击雷及防雷措施

防雷的主要措施是装设避雷针、避雷带、避雷线，这些装置统称为接闪器。

（1）防感应雷

雷电的静电感应或电磁感应能引起过电压，称为感应雷，其感应过电压可高达数十万伏。如何防止静电产生的高电压，可以在建筑物及构筑物上，将金属管道、金属设备、钢结构作好接地。为防止电磁感应引起高压电，可以采取如下措施：对于金属管道（平行安装）其距离不到100m时，每隔20～30m用金属线跨接，对于金属管道（交叉安装）距离不到100m时，也用金属线跨接，同时如金属管道与设备或金属结构之间距离不小于100m时，管道接头、弯头等连接部位也都需要用金属线跨接，并应可靠接地。

（2）防雷电侵入波

如果输变电线路上遭受雷击，其高压雷电波便会沿着输变电线路侵入变配电所或用电设备，造成电气设备损坏及给人身造成严重伤害，此种现象称为雷电波侵入，为避免此类雷害事故发生，应采用避雷器，就能防止雷电波侵入，防止设备绝缘被损害，避雷器应与被保护设备并联。

2. 避雷装置种类、作用及构造

(1) 避雷针

避雷针通常采用镀锌圆钢或镀锌钢管制成，上部制成针尖形状。所采用的圆钢或钢管的直径不小于下列数值。

当针长为 1m 时，圆钢直径为 12mm；钢管管径为 20mm。

当针长为 1～2m 时，圆钢直径为 16mm；钢管管径为 25mm。

烟囱上的避雷针：圆钢直径为 20mm。

避雷针一般安装在支柱（电杆）上或其他构架、建筑物上。避雷针下端必须可靠地经引下线与接地体相连，可靠接地，接地电阻不大于 10Ω。装设避雷针的构架不得架设低压线或通信线。

(2) 避雷带、避雷网

避雷带、避雷网是用来保护建筑物免受直击雷和感应雷。避雷带采用镀锌圆钢或镀锌扁钢制作。圆钢直径为 8mm，扁钢截面积为 48mm^2，厚度为 4mm；安装在烟囱顶端的避雷环，一般采用镀锌圆钢或镀锌扁钢，圆钢直径不得小于 12mm，扁钢截面不小于 100mm^2，厚度不小于 4mm。

避雷（带）网距屋面一般在 100～150mm，支架间距一般为 1～1.5m。支架固定在墙上或混凝土支座上。

避雷网暗装形式是利用建筑物屋面板内钢筋作为接闪器。而将避雷网、引下线和接地装置三部分组成一个钢铁大笼子，也称为笼式避雷网，如图 3-34 (a) 所示。

对于高层建筑物，一定要防侧向击雷和采取等电位措施，应从建筑物首层起，每 3 层设均压环一圈，从距地 30m 高度算起，每向上三层，在结构圈梁内敷设一条—25×4 扁钢与引下线焊接成环形水平避雷带，以小心防止侧击雷，并将金属栏杆与金属门窗等较大的金属物体与防雷装置连接，如图 3-34 (b) 所示。

3. 引下线的制作安装

引下线的安装方式有两种：一种为单独敷设的引下线。施工时执行设计图纸。其引下线采用镀锌圆钢或镀锌扁钢，其尺寸不小于下列数值：圆钢直径 8mm；扁钢截面为 48mm^2，厚度为 4mm。引下线沿建筑物的外墙明敷设，固定在埋设在墙里的支持卡子上，支持卡子间距为 1.5m。引下线也可以暗敷。另一种为利用建筑物的主筋作引下线，但引下线的截面要增大，引下线不少于 2 根，对于三类工业建筑、二类民用建筑（构筑物）引下线间距一般不大于 30m。

由于利用建筑物钢筋作引下线，是从上而下连成一体，因此不能设断线卡子测接地电阻，需在柱内（或剪力墙）作在引下线的钢筋上，另焊一根圆钢引至柱（墙）外侧的墙体上，在距护坡 1.8m 处，设置接地电阻测试箱。

在建筑物结构完成后，必须通过接地点测试接地电阻，若达不到设计要求，可在柱或墙外距地 0.8～1.0m 预留导体处附加人工接地体。

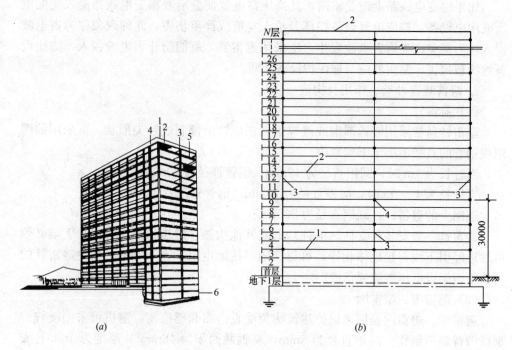

图 3-34 避雷装置示意图

（a）框架结构笼式避雷网示意图；（b）高层建筑物避雷带

4. 断线卡子制作安装

断线卡子有明装和暗装两种，断线卡子可利用—40×4 或—24×4 的镀锌扁钢制作，断线卡子应用两根焊接螺栓拧紧，如图 3-35、图 3-36 所示。

5. 明装防雷引下线保护钢管

明设引下线在断线卡子处应设硬塑料管、角铁或开口钢管保护，以防机械损伤，保护管埋入地下不小于 300mm，如图 3-37 所示。

6. 避雷器安装

（1）阀型避雷器是由火花间隙和阀电阻片组成的。火花间隙采用多个单位间隙串联而成，阀电阻片是非线性电阻，正常情况下，火花间隙阻止线路工频电流通过，但在线路上出现高压雷电波时，火花间隙就被击穿。

阀型避雷器安装应注意以下几个问题：

1）安装前应检查型号规格是否符合设计要求，并有合格证和检验证明。

2）避雷器应垂直安装，每个元器件中心线与避雷器中心线垂直偏差不应大于元器件高度的 5%。

3）10kV 以下变电所常用避雷器，其避雷器上部端子一般用镀锌螺栓与高压母线连接，下部端子接到接地引下线上。

（2）管型避雷器。管型避雷器由产气管内部间隙和外部间隙组成。当线路上遭到雷击或发生感应雷时，雷电过电压使管型避雷器外部间隙和内部间隙击穿雷电流能通过接地装置入地。

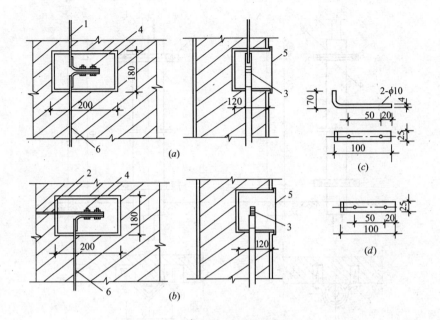

图 3-35 暗装引下线断线卡子安装

（a）专用暗装引下结；（b）利用柱筋作引下；（c）连接板；（d）垫板

1—专用引下线；2—至柱筋引下线；3—断线卡子；

4—M10×30 镀锌螺栓；5—断线卡子箱；6—接地线

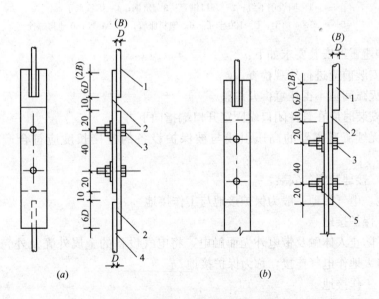

图 3-36 明装引下线断线卡子安装

（a）用圆钢连接线；（b）用扁钢连接线；（D—圆钢直径；B—扁钢宽度）

1—圆钢引下线；2—25×4，$L=90×6D$；

3—M8×30；4—圆钢接地线；5—扁钢接地线

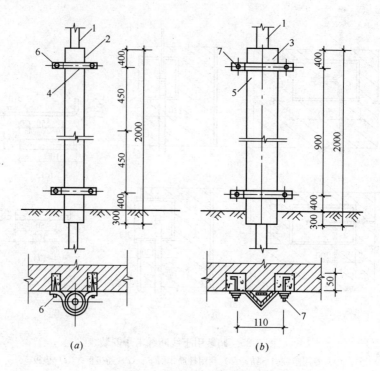

图 3-37 明装防雷引下线保护管做法

(a) 开口保护钢管；(b) 角钢保护

1—明设引下线；2—开口钢管；3—角钢；4—钢管卡子；

5——25×4 扁钢；L=180 卡子；6—塑料胀管；7—M8×180 地脚螺栓

管型避雷器安装要求如下：

1）安装前应进行外观检查。

2）灭弧间隙不得任意拆开调整。

3）安装时应在管件闭口端固定开口端指向下方。

4）无续流避雷器的高压引线与被保护设备的连接长度应符合产品的技术规定。

（二）接地装置的安装

接地，电气接地一般为保护接地与工作接地。

（1）保护接地

为了防止人体触及带电外壳而触电，将电气设备的金属外壳及外壳相连的金属构造与大地作电气连接，称为保护接地。

（2）工作接地

为了保证电气设备在系统正常或发生事故的情况下能可靠工作而将电路中的某一点与大地作电气上的连接，称为工作接地。

（3）接地装置的含义

1）接地体：直接与土层接触，用以与大地作电气连接具有一定散流电阻的金属导体称为接地体。

2）接地线：将电气装置接地部分与接地体连接起来所用的金属导体，称为接地线。

3）接地体与接地线总称为接地装置。

4）重复接地：将零线上的一点或几点再次接地称为重复接地。

（4）电气设备接地的范围

电气设备和保护装置应接地部分有以下几种：

1）电动机、变压器、开关及其他电气设备的金属底座、外壳。

2）开关等电气装置的操作机构。

3）电流互感器及电压互感器的二次线圈。

4）配电盘和控制盘等的金属框架或外壳。

5）室内及室外配电装置的金属构架、电缆头、金属外壳、电缆与导线的金属包皮（两端接地）导线的金属保护管等。

6）围绕带电部分的金属栏杆、金属栅状及无孔的遮拦。

7）避雷针、避雷器、引下线等。

（三）接地装置的安装

1. 接地体构造

接地装置包括接地体（又称接地极）和接地线两部分。接地体分自然接地体和人工接地体。自然接地体是利用与大地有可靠连接的金属管道和建筑物的金属结构等作为接地体。在可能的情况下应尽量利用自然接地体。人工接地体一般常采用钢管和角钢作为接地体，钢材截成适当的长度打入地下。扁钢和圆钢作为接地线，但接地体之间的连接一般采用扁钢，而不用圆钢（见图 3-38）。接地扁钢应侧放而不可平放，这样既可以方便安装，又可以减小其散流电阻。

2. 接地体的安装

（1）接地体的加工。一般按设计所提供的数量和规格进行加工，材料采用钢管和角钢。应选用直径为 38～50mm，管壁厚不小于 3.5mm 的钢管，按设计的长度切割（一般为 2.5m）钢管打入地下的一端加工成一定的形状。如用角钢时，一般选用 50×50×5 的角钢，切割长度一般也是 2.5m。角钢的一端加工成尖头形状。

（2）挖沟。装设接地体前，需要沿着接地体的线路先挖沟，以便打入接地体和敷设连接这些接地体的扁钢。

（3）安装接地体。沟挖好后应立即安装接地体和敷设接地扁钢。

接地体可按下列步骤进行安装：

1）按设计位置将接地体打在沟的中心线上，接地体露出沟底面上的长度约为 150～200mm（沟深 0.8～1m）时，可停止打入。

2）敷设的管子或角钢及连接扁钢应避开其他地下管路、电缆等设施。一般与电缆及管道等交叉时，相距不小于 100mm。

3）敷设接地体时，接地体应与地面保持垂直。

（4）接地线敷设。接地线敷设包括接地体间连接用的扁钢及接地干线和接地支线的敷设。后者又可分为室外的和室内的两种，室外的接地干线和支线是供室

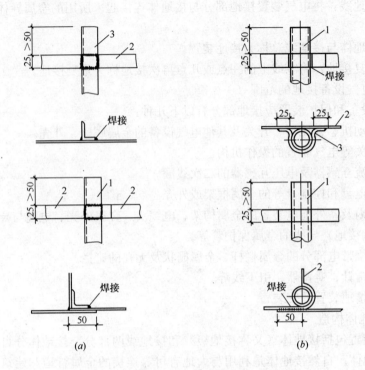

图 3-38　接地体与接地母线连接示意图
(a) 角钢接地体；(b) 钢管接地体
1—接地体；2—扁钢；3—卡箍

外电气设备接地使用的，室内的接地线供室内电气设备使用。

1) 接地干线的安装。接地干线应水平或垂直敷设，在直线段不能有弯曲现象。接地干线与建筑物或墙壁间应有 15～20mm 的间隙。水平安装时一般距地面 200～600mm（具体按设计图纸），支持线卡子间距为：水平安装 1～1.5m，垂直部间距为 1.5～2m，在转角部分为 0.3～0.5m。在接地干线上应做好接地端子，以便连接接地支线，接地线由建筑物室内地坪引出如图 3-39 所示，接地线穿越楼板或墙壁时，必须先装设钢管，接地线穿好后，管两端要做好密封。采用圆钢或扁钢作接地干线时，其连接必须用焊接（搭接焊）圆钢搭接长度为直径的 6 倍，扁钢搭接长度为宽度的 2 倍（见图 3-41）。如用多股绞线连接时，应采用接线端子，接地干线与电缆交叉时，其间距不小于 25mm；与管道交叉时应加保护钢管；跨越建筑物伸缩缝时，应有弯曲，以便有伸缩余地，防止断裂。

2) 接地支线安装。接地支线安装时应注意：多个设备与干线相连时，需每个设备用 1 根接地支线，不允许几个设备共用 1 根接地支线，也不允许几根接地支线并接在接地干线一个接点上。接地干线与设备外壳或金属构架连接时，接地支线两头焊接线端子，并用镀锌螺栓拧紧。明设的接地支线，在穿越楼板或墙壁时，应穿管保护（见图 3-40）。

3) 接地跨接线的制作安装。

①当接地线跨越建筑物伸缩缝或沉降缝时，应加设补偿器或将接地体本身弯

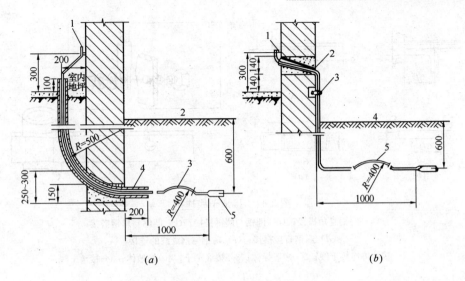

图 3-39　接地线由建筑物内引出安装

(a) 接地线由室内地坪下引出；(b) 接地线由室内地平上引出

1—接地干线；2—室外地坪；3—接地连接线；4—φ50 钢管；5—至接地装置

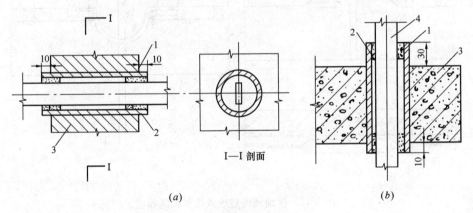

图 3-40　接地线穿楼板示意图

1—沥青棉纱；2—φ40 钢管；3—接地线；4—楼板

成弧状，如图 3-42 所示。

②接地干线过门时，可在门上明设通过，也可在门下室内地面敷设通过，其安装如图 3-44 所示。

③接地线跨越道轨敷设如图 3-44 所示。

(5) 接地导体的焊接。接地导体互相之间应保证有可靠的电气连接，连接的方法一般采用焊接。接地线互相之间的连接及接地线与电气装置的连接，应采用搭接，搭接的长度，扁钢或角钢应不小于其宽度的 2 倍；圆钢应不小于其直径的 6 倍，而且应有 3 边以上的焊接。

(6) 电气设备与接地线的连接。

(7) 接地装置的检查和涂色。当接地装置安装完毕，应对各接地干线和各支线的外露部分及电气设备的接地部分进行外观检查，检查完毕，应在接地螺钉的

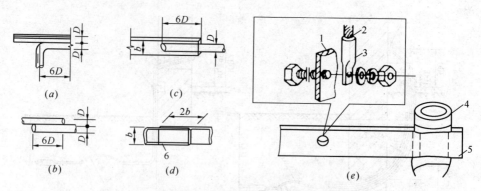

图 3-41　接地干线连接

(*a*) 圆钢直角搭接；(*b*) 圆钢与圆钢搭接；(*c*) 圆钢与扁钢搭接；

(*d*) 扁钢直接搭接；(*e*) 扁钢与钢绞线的连接

1—接地体连接干线；2—多股导体；3—接线端子；4—接地体；5—接地干线

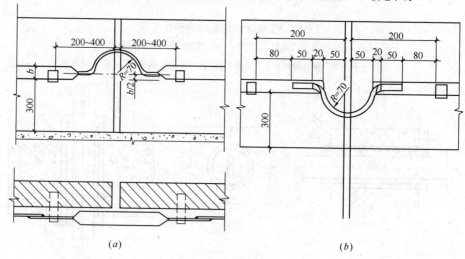

图 3-42　接地线跨越建筑物伸缩缝做法

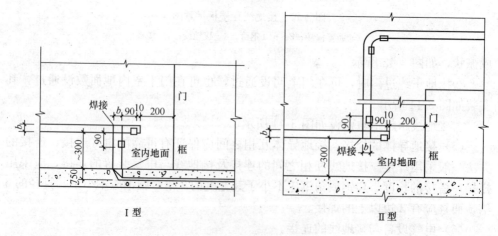

图 3-43　接地线过门安装

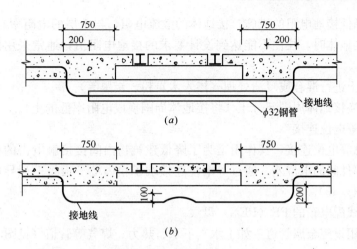

图 3-44　接地线跨越轨道敷设

表面涂上防锈漆。明设的接地线及其固定零件均应涂上黑色。

（8）接地电阻的测量。接地装置在接地体施工完毕后，应测量其接地电阻，测量的方法一般采用电流表、电压表或用接地电阻测量仪测量。

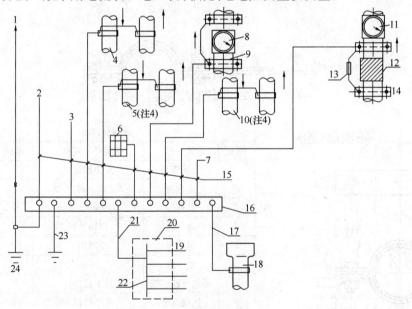

图 3-45　总等电位连接图

1—避雷闪接器；2—天线设备；3—电信设备；4—采暖管；5—空调管；6—建筑物金属结构；7—其他需要连接的设备；8—水表；9—总给水管；10—热水管；11—煤汽表；12—绝缘段（煤气公司确定）；13—火花放电间隙；14—总煤气管；15、17、21—MEB线；16—MEB端子板（接地母排）；18—地下水总管；19、22—PE母线；20—总进线配盘；23—接地；24—避雷接地

附注：1. 相邻近管道及金属结构允许用一根 MEB 线连接；

　　　2. 经实测总等电位连接内的水管、基础钢筋等自然接地体的接地电阻值已满足电气装置的接地要求时，无须另打人工接地极保护接地与避雷接地宜直接短接地连通；

　　　3. 当利用建筑物金属体做防雷及接地时，MEB 端子板宜直接短接地与该建筑物用作防雷及接地的金属体连通；

　　　4. 图中箭头方向表示水、气流动方向，当进、回水管相距较远时，也可由 MEB 端子板分别用一根 MEB 线连接。

（9）降低接地电阻的措施。接地体的散流电阻，与土层的电阻率有直接关系，装设人工接地体时，往往不能达到设计要求的接地电阻值，通常采用的方法有下列几种：

1）对土进行混合或浸渍处理（掺入木炭粉、炭黑等）。

2）改换接地体周围部分土（将接地体周围换成电阻率低的土）。

（四）等电位连接

（1）总等电位连接，其作用是为了降低建筑物内间接接触电击的接触电压和不同金属部件间的电位差。通过等电位连接端子箱内端子板将下列导电部分互相连通（见图 3-45）。

1）进线配电箱的 PE（PEN）母线。

2）公用设施金属管道，如上水、下水、热力、煤气等管道（见图 3-46）。

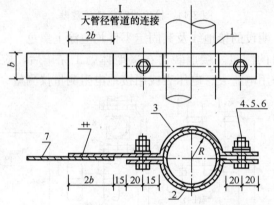

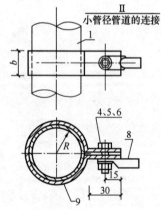

设备材料表				
编号	名　称	型号及规格	单位	数量
1	金属管道	见工程设计		
2	短抱箍	$b \times 4L = \pi R + 88$	个	1
3	长抱箍	$b \times 4L = \pi R + 2b + 103$	个	1
4	螺　栓	M10×30	个	
5	螺　母	M10	个	
6	垫　圈	10	个	
7	等电位连接线	见工程设计	个	
8	接线鼻子	见工程设计	个	1
9	圆抱箍	$b \times 4L = 2\pi R + 68$	m	

图 3-46　等电位连接线与各种管道的连接

3）与室外接地装置连接的接地母线。

4）与建筑物连接的钢筋。

（2）辅助等电位。在一个装置箱内，如果作用于自动切断供电的间接接触保护不能满足规范规定，则应设置辅助等电位连接。

（3）局部等电位。当需要在一个局部场所范围内作多个辅助等电位连接时，可通过局部等电位连接板，将 PE 母线或 PE 干线或公用设施、金属管道互相连通（见图 3-47）。

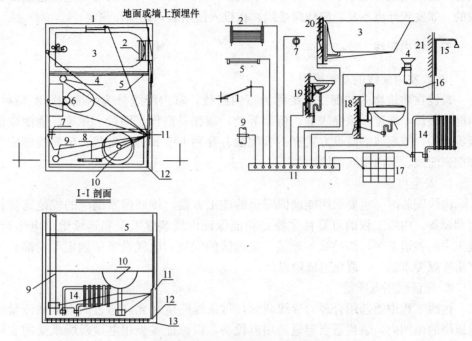

图 3-47　卫生间局部等电位连接

1—金属扶手；2—浴巾架；3—浴盆；4—金属地漏；5—浴帘杆；6—坐便器；7—毛巾架；
8—暖气片；9—水管；10—洗脸盆；11—LEB 端子箱；12—地面上预埋件；13—钢筋；
14—采暖管；15—淋浴；16—给水管；17—建筑物侧箱间；18～21—墙

金属门窗等电位连接见图 3-48。

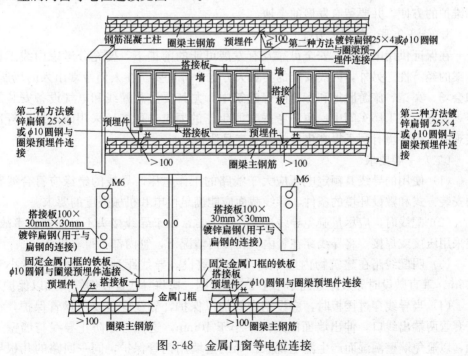

图 3-48　金属门窗等电位连接

(4) 等电位连接导通的测试。测试可采用空载电压为 4～24V 的直流或交流电源，测试电流不应小于 0.2A，测试电阻不超过 3Ω，可以认为等电位连接是有效的，如发现导电不良，应作跨接线。在投入使用后，定期作测定。

五、室内配线

（一）室内配线的基本原则

敷设在建筑物内的配线，统称为室内配线，室内配线分为明配和暗配两种。明配是敷设于墙壁、顶棚表面、桁架等处，暗配是敷设于墙壁、顶棚、地面或楼板等处的，按配线的敷设方式有线管配线、普利卡金属套管配线、金属线槽配线和钢索配线。室内配线的原则如下。

1. 安全可靠

内线安装时一定要采用能确保安全的施工方案，按照国家制定的规范选择材料和设备。内线工程的可靠性主要是指能保证内线装置安全和连续地供电运行。施工中的各道工序，如导线的连接、接地线的安装、电气设备的固定等，都必须严格按照要求施工，避免造成隐患。

2. 保证供用电质量

内线工程中要选用合理的导线截面，每条线路应在允许通过的电流截流量和电压降的范围内，装接适当容量的用电设备，以保证各类用电设备所承受的实际电压不超出允许范围。

3. 操作简单、维护方便

内线工程中要使所安装的电气装置操作简单、维护方便。在满足运行和保护要求的前提下，尽可能采用简单的方案，线路敷设和电气设备安装中要考虑运行和维护的方便，并要留有发展的余地。

4. 经济合理、美观大方

在保证供用电质量、安全可靠及有发展可能的前提下，要充分考虑内线工程方案的经济性。另外，内线安装的美观大方也十分重要。在人们经常出入的场所，如会场、宾馆、旅游胜地和影剧院等建筑中，尤其要注意配线和电气设备安装的美观大方；在工厂车间中，也应考虑文明生产的要求，更多地采用暗配线，舒适美观的生产环境有利于提高生产效率和产品质量。

（二）一般要求

(1) 使用的导线其额定电压应大于线路的工作电压。导线的绝缘应符合线路的安装方式和敷设环境的条件，导线截面应能满足供电和机械强度的要求。

(2) 配线时，应尽量避免导线接头，因为常常由于导线接头不好而造成事故。应采用压接或焊接，将导线穿在管内，在任何情况下，管内都不得有接头。

(3) 明配线路在建筑物内应平行或垂直敷设。导线距地面一般要求不小于2.5m，垂直敷设时导线距地面不小于 2m。否则，应将导线穿在钢管内加以保护。

(4) 当导线穿过楼板时，应设钢套管加以保护，导线穿墙要用钢管保护，钢管套管两端出线口，伸出墙面的距离不小于 10mm，这样可以防止导线与墙壁接触，以避免墙壁潮湿而产生漏电现象。导线过墙用钢管保护，同一回路的几根导线可以穿在一根钢管内，但管内导线的总面积（包括外皮绝缘层）不应超过管内总面积的40%。

当导线沿墙或天花板敷设时，导线与建筑物之间的距离一般不小于10mm。在通过伸缩缝的地方，导线敷设应稍有松弛。对于钢管配线，应设补偿盒子，以适应建筑物的伸缩性。当导线互相交叉时，为避免碰线，在每根导线上套以塑料管或其他绝缘管，并将套管牢靠地固定，不使其移动。

（5）为确保安全用电，室内电气管线和配电设备与其他管道、设备间的最小距离都有一定要求（见表3-8）。

1）电气管线与蒸汽管线不能保持表3-8中距离时，可在蒸汽管外包隔热层，这样平行净距可减至200mm；交叉距离只须考虑施工维护方便。

2）电气线管与暖水管不能保持表3-8中距离时，可在暖水管外包隔热层。

3）裸母线与其他管道交叉不能保持表3-8中距离时，可在交叉处的裸母线外加装保护网或罩。当上水管道与电气管线平行敷设且在同一垂直面时，可将电气管线置于水管之上。

室内配管与管道间最小距离　　　　　　　　　　表3-8

管道名称		配线方式	
		穿管配线	绝缘导线明配线
		最小距离（mm）	
蒸汽管	平行	1000/500	1000/500
	交叉	300	300
暖、热水管	平行	300/200	300/200
	交叉	100	100
通风、上下水压缩空气管	平行	100	200
	交叉	50	100

注：表中分子数为电气线管敷设在管道上间的距离，分母数字为电气管线敷设在管道下面的距离。

（6）其他方面要求。除按上述要求配线外还要注意以下施工环节。

1）电气技术规程。

2）执行由建设部和国家质量监督检验检疫总局联合发布的《建筑电气工程施工质量验收规范》（GB 50303—2002）。

3）熟悉施工图纸。内线工程施工图纸是施工安装的主要依据，因此学习施工图纸基本知识，掌握读图的方法和技巧，是掌握内线安装技术的重要一环。每一个具体的工程项目都有相应的施工图纸。为了统一施工方法，国家还编制了许多电气装置的标准图集，作为设计和施工部门选用的依据，其中最为典型的是国家建委建筑科学研究院审定的《全国通用电气装置标准图集》，其中包括内线工程中常见的配线和电气设备安装等几十个分册。

4）内线工程施工中的注意事项。内线安装与土建施工的配合。在土建施工阶段，必须做好内线安装的配合工作，埋入大量暗敷管道和电气设备基础和挂、吊受力的预埋件；在建筑物内部最后装修工序前安装好大部分电气装置，要把配合工作做得十分完美是要下一番功夫的。

（三）室内配线工程配管加工及敷设方式

将绝缘导线敷设在管内称为线管配线，此种配线方式比较安全可靠，且更换电线比较方便。

1. 线管选择

应根据敷设现场环境决定采用何种线管，一般明配在潮湿场所和埋于地下的管子应使用厚壁钢管。

在干燥场所明配或暗配宜使用薄壁钢管，塑料管适用于室内有酸碱等腐蚀物的场所，半硬塑料管适用于民用建筑照明工程暗敷设、金属软管，用作钢管和设备的过渡连接。

线管规格应根据管内所穿导线根数和导线的截面决定，一般规定管内导线总截面为管径的40％，管内最多不能多于8根导线。单根导线穿钢管选择表见表3-9。

单芯导线穿钢管选择表　　　　表 3-9

线芯截面 (mm²)	焊接钢管（管内导线根数）									电线管（管内导线根数）									线芯截面 (mm²)
	2	3	4	5	6	7	8	9	10	10	9	8	7	6	5	4	3	2	
1.5	15		20			25				32			25			20			1.5
2.5	15		20			25				32			25			20			2.5
4	15		20			25		32				6			25			20	4
6	20		25			32				40			32			25		20	6
10	20	25	32	40		50						40		32		25			10
16	25		32	40	50								40			32			16
25	32		40	50		70									40		32		25
35	32	40	50			70		80								40			35
50	40	50	70				80												
70	50		70			80													
95	50	70	80																
120	70		80																
150	70	80																	
185	70	80																	

2. 线管加工

在敷设线管前应进行加工。为防止管线生锈，应对线管进行除锈，刷防腐漆，而且内外均应处理；埋入混凝土的细管可不刷防腐漆；埋入砖墙的管应刷防腐漆；管明敷，应刷防腐漆和面漆；埋入有腐蚀的土层，应进行防腐处理；对线管切割时不允许用气焊或气割，应使用钢锯或无齿锯；线管连接、线管和接线盒及配电箱连接，都须在管子端进行套丝；线管弯曲需用弯管器、弯管机或热搣方法；钢管连接一般采用管箍连接，同时应用圆钢作为跨接线焊在接头处。

3. 线管连接

（1）钢管连接。一般采用管箍连接，特别是潮湿的场所，以及埋地和防爆线管。为了保护管口的严密性，管子的丝扣部分应涂上铅油并缠上麻丝，用管钳子拧紧使两管端口吻合。不允许管子对口焊接。

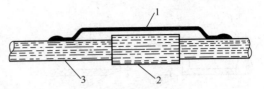

图 3-49　钢管连接处地
1—跨接线；2—管箍；3—钢管

在干燥少尘的厂房内，对于直径 50mm 及以上的管端也可采用套管连接的方式，套管长度应为连接管外径的 1.5～3 倍，焊接前先将两端管子插入套管，并使管子对口处处于套管中央，然后在两端焊接牢固。钢管采用管箍连接时，要求圆钢或扁钢作跨接线焊在接头处，使管子之间有良好的电气连接。跨接线焊接应整齐一致，焊接表面不小于接地线截面的 6 倍，如图 3-49 所示。跨接线选择见表 3-10。

跨 接 线 选 择 表　　　　　　　　　　　　　表 3-10

公　称　直　径（mm）		跨　接　线（mm）	
电 线 管	钢　　管	圆　钢	扁　钢
≤32	≤25	φ6	
40	32	φ8	
50	40～50	φ10	
70～80	70～80	φ12	25×4

（2）硬塑料管连接。硬塑料管连接通常用两种方法。第一种方法为插入法，第二种方法为套接法。其中第一种又分一步插入法和二步插入法；一步插入法适用于 50mm 以下的硬塑料管，二步插入法适用于 65mm 以上的硬塑料管。如图 3-50 所示。

1）一步插入法。

①将管口两端倒角，内倒角（阴管）、外倒角（阳管）均为 30°。

②将阴管、阳管段内的杂物除净。

③将阴管插接段（插接长度为管径 1.1～1.8 倍）放在电炉上加热数分钟，使其呈柔软状态，加热温度为 145℃左右。

④将阳管插入部分均匀涂上胶合剂（如过氧乙烯胶水），然后迅速插入阴管，待中心线一致时，立即用湿布冷却，使管口恢复至原来硬度（见图 3-50）。

2）二步插入法。

①管口倒角如一步插入法。

②清理插接口，如一步插入法。

③阴管加热，插入 145℃的热甘油或石蜡中（也可用喷灯、电炉、炭火炉加热），加热部分的管径为 1.1～1.3 倍，待呈柔软状态后，即插入已被甘油加热的金属模具，进行扩口，待冷却至 50℃左右时，取下模具，继续冷却至原来硬度。成型内径比硬管内径大 2.5%。

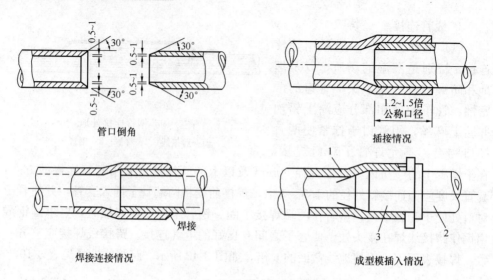

图 3-50　塑料管边接方法

1—扩口导向端；2—此端在台具上固定；3—成型模

④在阴管、阳管插接处涂胶合剂，然后把阳管插入阴管，加热阴管使其扩大部分收缩，然后急加水冷却。

此道工序可改为焊接，即将管子插入阴管后，用聚氯乙烯焊条在接合处焊 2～3 圈，以保证密封。焊接情况如图 3-50 所示。

3）套接法。先把同径的硬塑料管加热，扩大成套管，然后把需要连接的两管端倒角，并用汽油或酒精将管口擦干净，待汽油或酒精挥发后涂胶合剂，迅速插入热管中，并用湿布冷却，套接管情况（见图 3-51）可以用焊接方法焊牢密封。

4. 半硬管连接

半硬管连接应使用套管粘接法连接，套管的长度不应小于连接管外径的 2 倍，接口处应用胶合剂粘接牢固。

5. 波纹管

波纹管一般情况下很少用于连接，当需连接时，应采用管接头连接（见图 3-52）。波纹管进入接线盒操作步骤如图 3-53 所示。

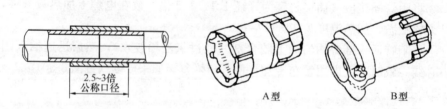

图 3-51　塑料管套接连接图　　　　图 3-52　波纹管接头示意图

（四）线管敷设

1. 明敷配管

首先应排列整齐、美观、固定点均匀，明敷管经过建筑物伸缩缝时可采用软管补偿。钢管明配线，应在电动机的进线口、管路与电气设备连接困难处、管路

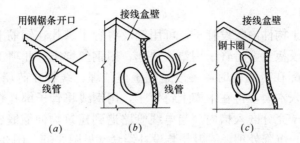

图 3-53 波纹管入接线盒操作步骤示意图
(a) 开口；(b) 入接线盒；(c) 卡固图

通过建筑物的伸缩缝、沉降缝处装设防爆挠性连接管，防爆挠性连接管弯曲半径不应小于管外径的 5 倍。管子间及管子与接线盒（见图 3-57）、开关之间都必须用螺纹连接，螺纹处必须用油漆麻丝或四氟乙烯带缠绕后旋紧，保证密封可靠。麻丝及四氟乙烯带缠绕方向应和管子旋紧方向一致，以防松散（线管固定方式见图 3-54、补偿装置见图 3-55）。

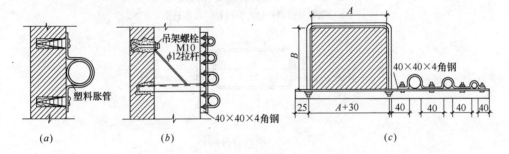

图 3-54 线管固定方式
(a) 钢管沿墙敷设；(b) 钢管沿墙跨柱敷设；(c) 钢管沿屋架下弦敷设

当管子沿墙、柱和屋架等处敷设时，可用管卡固定，管卡与终端、转弯中点、电气器具或接线盒边缘的距离为 150～200mm，线管中间管卡最大允许间距见表 3-11；过伸缩缝时，可用软管进行补偿，如图 3-57 所示，借助软管的弹性而伸缩。

线管中间管卡最大允许间距 表 3-11

敷设方式	最大允许距离（mm）　　线管直径（mm） 线管类别	15～20	25～32	40～50	65～100
吊架 沿墙 吊梁	低压流体输送钢管	1500	2000	2500	
	电线管	1000	1500	2000	3500
	塑料管	1000	1500	2000	

硬塑料管沿建筑物表面敷设时，在直线段上每隔 30m 要设温度补偿器。

明配塑料管在穿越楼板或易受机械损伤处应用钢管保护，其保护管距地面不低于 500mm。

2. 暗敷配管

在现浇混凝土构件内敷设管子，可用钢丝将管子绑扎在钢筋上，也可以用钉子将管子钉在木模板上，将管子用垫块垫起，用钢丝绑牢，此项工作是在浇灌前进行的。当线管配在砖墙内时，一般是随土建预埋，线管在砖墙内的固定方法，可先在砖缝里打入木楔，再在木楔上钉钉子，用钢线将管子绑扎在钉子上，再将钉子打入，使管子充分嵌入槽内。当电线管路遇到建筑物伸缩缝、沉降缝时，必须作相应的伸缩、沉降处理。一般是装设补偿盒（见图 3-55、图 3-56）。

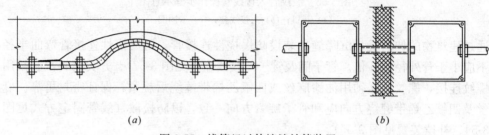

图 3-55　线管经过伸缩缝补偿装置

(a) 软管补偿器；(b) 装设补偿盒作补偿

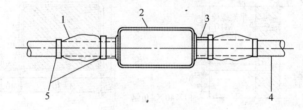

图 3-56　塑料管补偿器

1—软管聚氯乙烯管；2—分线盒；3—在分线盒上焊接大一号的硬塑料管；

4—硬聚乙烯插入盒子上的套管中可以自由伸缩；

5—软聚氯乙烯带涂以胶合剂包扎使之不漏气

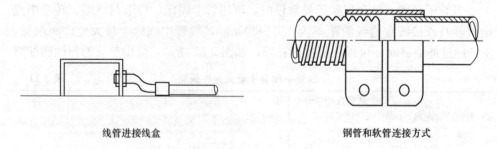

线管进接线盒　　　　　　　　　钢管和软管连接方式

图 3-57　线管进接线盒及连接方式

（五）线管穿线、配线

1. 线管穿线

穿线工作应在线管全部敷设完毕及土建工程粉刷结束后进行。在穿线前应将管内杂物全部清理掉。导线穿管时，应先穿一根钢线作引线。当管路较长或弯曲较多时，应在配管时就将引线穿好，一般现场施工对于管路较长、弯曲较多的线路，多采用从两端同时穿钢引线。

在较长垂直管路中，为防止由于导线本身自重拉断导线或拉松接线盒中的接头，导线每超过下列长度管口处或在接线盒中加以固定。$50mm^2$ 以下的导线，长度为 30m 时；$70 \sim 95mm^2$ 的导线，长度为 20m 时；$120 \sim 240mm^2$ 的导线，长度为 18m 时。如图 3-58 所示。

穿线时应严格按照规范要求进行，不同回路、不同电压和交流与直流的导线，不得穿入同一根管子内，但下列回路可以除外：

（1）同一台设备的电动机回路和无抗干扰要求的控制回路。

（2）照明花灯的所有回路。

（3）同类照明的几个回路，但

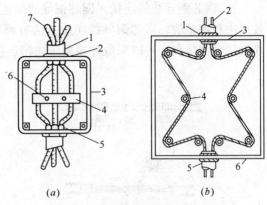

图 3-58　垂直管线的固定

（a）固定方法一；

1—线管；2—根母；3—接线盒；4—木制线夹；

5—护口；6—M6 螺栓；7—电线；

（b）固定方法二

1—根母；2—电线；3—护口；4—瓷瓶；

5—电线管；6—接线盒

管内总数不应多于 8 根。对于同一交流回路的导线必须穿在同一根钢管内。不论何种情况，导线的管内都不得有接头和扭结，接头应放在接线盒内。

钢管与设备连接时，应将钢管敷设到设备内，如不能直接进入时，可在钢管出口处加金属软管或塑料软管引入设备，金属软管和接线盒连接要用金属软管接头，如图 3-59 所示，穿线完毕，即可进行电器安装和导线连接。

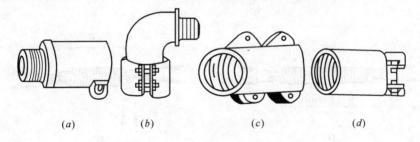

图 3-59　金属软管的各种管接头

（a）外螺钉接头；（b）弯接头；（c）软管接头；（d）内螺钉接头

2. 配线和导线的连接

（1）配线工序

室内配线主要包括以下几道工序：

按设计图纸确定照明器具、插座、开关、配电箱、起动设备等的位置；沿建筑物确定导线敷设的路径，穿过墙壁或楼板的位置；在土建未抹灰前，将配线所有的固定点打好眼，预埋绕有钢丝螺旋的木螺钉、螺栓或装设绝缘支持物、线夹或管子、敷设导线、导线连接件、分支和封端，并将导线出线端子与设备连接。

（2）导线连接

1）铜芯铜导线的连接。铜芯铜导线的连接可分直接连接和分支连接，可采用铰接法和缠卷法。多芯铜导线连接方法有缠卷法、单卷法和复卷法，铜导线如果在接线盒内接头，可以采取并接和压线帽连接两种方式，见图 3-60。

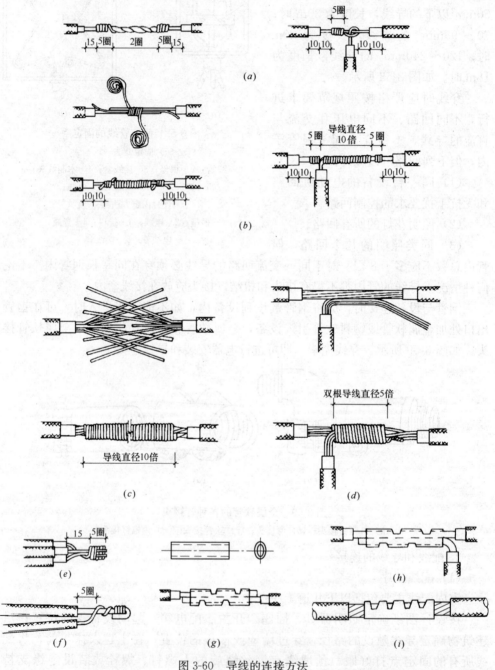

图 3-60　导线的连接方法

（a）绞线法；（b）缠卷法；（c）直接连接；（d）分支连接；（e）接线盒内导线连接；
（f）不同线径导线接头；（g）单线直线连接；（h）单线分支压接；（i）多股绞线压接

2）铝芯导线连接。铝芯导线如果用在直线连接或分支连接均采用压接，压接时采用专用管卡用压线钳压接。如果单芯铝线需并头连接，可采用管压接、塑料压线帽式螺旋接线等几种形式。

（六）室内配线的其他敷设方式

1. 金属线槽的敷设

金属线槽一般适用于正常环境的室内场所明敷设。

（1）定位

金属线槽安装前，首先应根据图线确定出电源及箱（盒）等电气设备、器具的安装位置，然后用粉袋弹线定位，以匀档距标出线槽支、吊架的固定位置。

金属线槽在墙上水平架空安装也可使用托臂支撑。金属线槽沿墙垂直敷设时，可采用角钢支架或扁钢支架固定金属线槽，支架的长度应根据金属线槽的宽度和根数确定。

（2）沿墙敷设

如金属线槽沿墙敷设，可采用钻孔配塑料胀管用木螺钉固定的方式安装。

在墙上水平敷设时可用臂架支撑，如在墙上沿墙垂直敷设可用角钢支架或扁钢支架固定，支架与建筑物的固定应采用膨胀螺栓固定。支架固定点间距为 1.5m。

（3）地面内暗装金属线槽配线

地面内暗装金属线槽配线其材料是由厚度为 2mm 左右钢板制成的，它可直接敷设在混凝土地面及现浇钢筋混凝土楼板及预制混凝土楼板的垫层内，其金属槽可分为单槽及双槽分离式两种结构形式，为防止电磁干扰，可将强弱电路分开敷设，金属槽长度一般为 3m，每 600mm 一段一出线口，如线槽相互连接时可采用线槽连接头进行连接，如线槽与配管连接可使用线槽与钢管过渡接头（见图 3-61）。

2. 钢索吊管配线

钢索配线一般适用于屋架较高，跨距较长，灯具安装高度要求较低的工业厂房内。钢索配线就是在钢索上吊瓷瓶配线、吊钢管（或塑料）配线或吊塑料护套线配线。钢索两端用穿墙螺栓固定，并用螺母紧固，钢索用花篮螺栓拉紧。见图 3-62、图 3-63。

3. 塑料线槽配线

此种配线方式适用于正常环境及无特殊要求的场所，其线槽由槽底、槽盖及附件组成，其材料是由阻燃聚氯乙烯挤压成型，在线槽敷设时应沿建筑物顶棚与墙壁拐角处的墙上及踢脚线上口敷设，固定方式与金属线槽基本相合，固定点间距应视线槽规格而定，线槽在 60mm 时，厚度固定点间距应在 1m 左右，线槽宽度在 20~40mm，固定点应在 0.6m 左右端部固定点。

此种线槽配线有与槽底配套的弯头、三通及线盒等标准附件，同时线槽的槽盖及附件为卡装式，在安装槽盖时应将槽盖与槽底压接平整，无缝隙且无扭曲和变形。

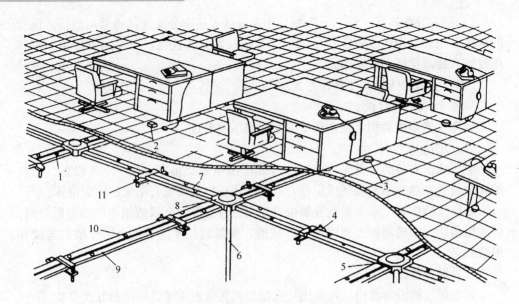

图 3-61　地面内暗装金属线槽组装示意图

1、10—出线口；2、3—电源插座出线口；4、11—支线；5、8—分线盒；

6—钢管；7、9—线槽

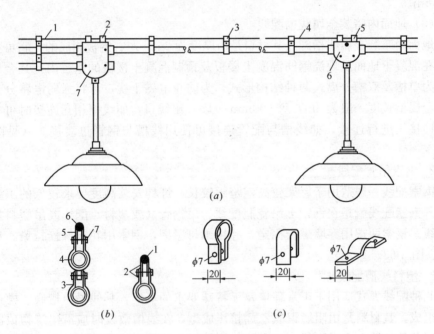

图 3-62　钢索吊管灯具安装作法图

(a) 钢索吊管灯具安装示意图；(b) 钢索吊管剖面图；(c) 各种吊卡示意图

1—扁钢吊卡；2—吊灯头盒卡子；3—扁钢吊卡；4—钢索；

5—吊灯头盒卡子；6—三通灯头盒；7—五通灯头盒

1—钢索；2—吊卡；3—扁钢吊卡；4—钢管或塑料管；

5—扁钢吊卡；6—钢索；7—M6 螺栓

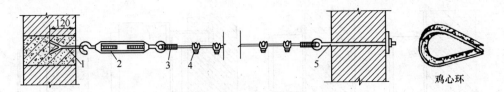

图 3-63　钢索做法

1—起点端耳环；2—花篮螺栓；3—鸡心环；4—钢索卡；5—终点端耳环

4. 普利卡金属套管

普利卡金属套管是一种可挠性金属软管，本套管可以用专用的刀切，也可以用钢锯切割，敷设方式为明设和暗设，目前采用明敷设较多，在室内明敷设时，应用套管管卡将管固定在建筑物表面上。固定点应均匀，最大间距在 0.8～1m 之间，管卡与终端或设备边缘的距离为 150～300mm，允许偏差不大于 30mm。

六、电气照明工程

（一）照明配电箱的安装

照明配电装置施工中所使用的电气设备和器材，均应符合国家和部颁的现行的技术标准，并具有合格证件，设备应有铭牌。所有的配电装置和器材到达现场后，应检查验收，不合格的或损坏的不能进行安装。

照明配电箱分为标准箱及非标准箱。照明箱安装方式分为明装、嵌入暗装及落地式 3 种形式。照明配电箱安装要求如下：

（1）在配电箱内，有交、直流或不同电压时，应有明显的标志或分设在单独的板面上。

（2）配电箱安装垂直偏差不应大于 3mm。

（3）照明配电箱安装高度，底边距地面一般为 1.5m。

（4）三相四线制供电的照明工程，其各相负荷应均匀分配。

（5）配电箱上应标明用电回路名称。

1. 悬挂式配电箱安装

悬挂式配电箱可安装在墙上，安装在墙上时，先埋设固定螺拴，螺栓的规格和间距应根据配电箱的型号和重量及安装尺寸决定。配电箱安装在支架上时应先将支架加工好，然后将支架埋设固定在墙上，配电箱安装高度按施工图纸要求，配电箱上回路名称应按设计图纸给予标明（见图 3-64）。

配电箱安装在支架上时，先将支架加工好，然后将支架固定在墙上，或用抱箍固定在柱子上，再用螺栓将配电箱安装在支架上，并进行水平和垂直的调整（见图 3-64）。

2. 嵌入式暗装配电箱

按设计指定的位置可作木模混凝土模，在土建砌墙时先把配电箱底、顶埋在墙内。当主体工程砌至安装高度时，就可以预埋配电箱，预埋时应作好线管与箱体的连接固定，箱内配电盘安装前，应先清除杂物，配电盘安装后，应接好接地线，照明配电箱安装高度按施工图纸要求，配电板的安装高度，一般底边距地面

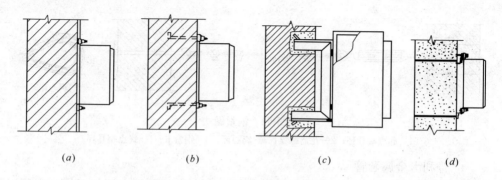

图 3-64　明准配电箱安装方式
(*a*) 墙上胀管螺栓安装；(*b*) 墙上螺栓安装；(*c*) 用坞埋式；(*d*) 用抱箍支架固定

不应小于 1.5m，安装的垂直误差不大于 3mm。当墙壁的厚度不能满足嵌入式要求时，可采用半嵌入式安装。

3. 落地式配电箱

在安装前先要预制一个高出地面一定高度的混凝土空心台，进入配电箱的钢管应排列整齐，管口高出基础 50mm 以上（见图 3-65）。

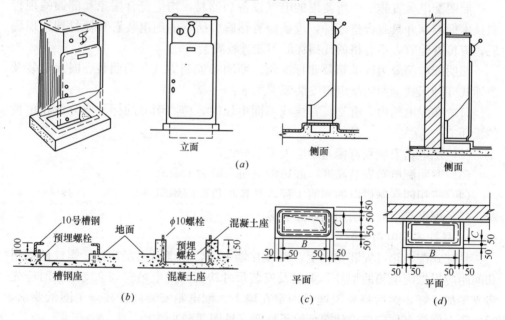

图 3-65　配电箱落地式安装示意图
(*a*) 安装示意图；(*b*) 配电箱基座示意图；(*c*) 独立式安装；(*d*) 靠墙面安装

（二）照明器具安装

1. 照明种类

照明种类比较繁多，主要可划分如下几种。

（1）正常照明

正常照明就是在正常供电的情况下，为达到正常工作而设置的照明，它能满足人们视觉的基本要求。

（2）应急照明

因发生事故，正常照明消失后，如工作场所必须设置照明，保证人员安全顺利疏散，此种照明为应急照明，也称事故照明，这种照明电源应有备用电源供电。

（3）警示照明

用于要求较高的重要场所及用于警示区内重点目标的照明称警示照明，其警示照明设置可根据警示范围的重要地点而安装正常的照明。

（4）装饰照明

对建筑物的进行亮化、美化和装饰称为装饰照明，其照明的目的是以装饰和美化为主，不做照明设置。

（5）艺术照明

在舞台及影视节目中为达到某种效果，可通过高科技手段制成的灯具，制造出不同的艺术效果，称为艺术照明。

2. 照明灯具的种类

照明灯具的种类繁多，包括工厂灯、安全灯、防爆灯、荧光灯，详见电气预算定额介绍关于灯具种类的划分部分的内容。

3. 灯具的安装

（1）安装要求

1）安装的灯具应配件齐全，无机械损伤和变形。

2）螺口灯头接线必须将相线接在中心端子上，零线接在螺纹的端子上，灯头外壳不能有破损和漏电。

3）灯具安装高度：按施工图纸设计要求施工，室内一般在 2.5m、室外在 3m 左右。

4）地下建筑物照明装置，应有防潮措施。

（2）吊灯的安装

吊灯安装根据吊灯体积和重量及安装场所分为混凝土顶棚上安装和吊顶上安装。

1）在混凝土顶棚上安装。要事先预埋铁件或装置，放穿透螺栓，还可以用胀管螺栓。标准规定，吊钩必须能挂超过灯具重量的重物，只有这样，才能被确认是安全的。

①在混凝土未浇灌时，绑扎钢筋的同时，把预埋件按灯具的位置固定好。

②在浇灌混凝土时，浇灌预埋件的部位不能移动。

2）在吊顶上安装。小型吊灯在吊棚上安装时，必须在吊棚主龙骨上设灯具紧固装置。

（3）吸顶灯安装

1）吸顶灯在混凝土棚顶上安装可以在浇筑混凝土前，根据图纸要求把木砖预埋在里面。

2）在吊顶上安装小型、轻体吸顶灯时，可以直接安装在吊顶棚上。

（4）灯具嵌入式的安装

嵌入式安装的特点是灯具的表面与墙面、棚面或地面是同一平面。

诱导灯具如疏散指示灯、安全出口灯的安装大部分是安装在墙壁上，嵌在墙内。某些特殊场所疏散指示灯要嵌在地面进行安装。

在高级装饰工程中，许多灯具都是嵌入式的安装方式，例如，筒灯、格栅灯等。

（5）壁灯的安装

壁灯安装时，应先固定底台，然后再将灯具螺钉紧固在底台上。在墙面、柱面上安装壁灯，可以用灯位盒的安装螺孔旋入螺钉来固定，也可在墙面上打孔，置入金属或塑料胀管螺钉。壁灯安装高度一般为灯具中心距地面 2.2m 左右。

（6）荧光灯的安装

荧光灯（日光灯）的安装方式有吸顶、吊链和吊管 3 种。安装时应按电路图正确接线，开关应装在镇流器侧。

（7）碘钨灯的安装

碘钨灯是卤钨灯系列的一种，是一种新型的热辐射光源。它是在白炽灯的基础上改进而来的。碘钨灯安装时应按产品要求及电路图正确接线和安装。

4. 其他照明器具的安装

（1）开关、插座的安装

开关的作用就是接通或切断照明电源，开关的形式有 2 种，一种为明装式，另一种为暗装式，明装式又有扳把或跷板式开关。

插座的作用就是为移动式电器和设备提供电源，有单相三极三孔插座，三相四极四孔插座。

开关安装的要求：

1）开关安装位置应便于操作，各种开关距地面一般为 1.3m，距门框为 0.15～0.20m。

2）成排安装的开关高度应一致，高低差不大于 3mm。

3）电器、灯具的相线应经开关控制，民用住宅禁止装设床头开关。

4）在多尘、潮湿场所和户外应采用防水拉线开关或加装保护箱。

5）在易燃、易爆场所，开关一般应装在其他场所进行控制，或用防爆型开关。

（2）插座安装的要求

1）交、直流或不同电压的插座应分别采用不同的形式，并有明显标志。

2）单相电源一般应用单相三极三孔插座，三相电源就用三相四极四孔插座。

3）插座的安装高度应符合下列要求。

①一般距地面高度为 0.5m。

②车间及试验室的明暗插座一般距地面高度不低于 0.3m。

③在特别潮湿及有易燃、易爆气体和粉尘较多的场所，不应装设插座。

④单相二孔插座接线时，面对插座左孔接工作零线，右孔接相线；单相三孔插座接线时，面对插座左孔接工作零线，右孔接相线，上孔接保护零线或接地线。

任务三 建筑电气安装工程验收

【引导问题】

1. 如何划分建筑电气分部分项工程？
2. 如何划分建筑电气分部分项工程检验批？
3. 分部分项工程质量检验标准有哪些？
4. 如何对分部分项工程进行质量评定？
5. 竣工验收工作有哪些内容？
6. 如何汇编竣工资料？

一、建筑电气分部工程内容的划分

见情境三之任务———电气安装工程的主要内容（见表3-1）。

二、建筑电气分部分项工程的检验批划分

建筑电气分部分项工程的检验批划分见表3-12。

建筑电气分部分项工程的检验批划分表　　　　　　　　表 3-12

分 项 工 程	检 验 批	划 分 方 法	验收评定
架空线路及杆上电气设备的安装	架空线路及杆上电气设备的安装	按供电区段、投运时间先后、功能区段划分	见标准
变压器、箱式变电所的安装	变压器、箱式变电所的安装	按主变压器箱式变电站各为一个检验批	
成套配电柜、控制柜（屏、台）和动力、照明配电箱（盘）的安装	成套配电柜、控制柜（屏台）和动力、照明配电箱（盘）的安装	建筑中有配电室的为一个检验批，无配电室独立安装的每个柜为一个检验批；动力配电箱单层建筑，每一个单位工程为一个检验批，有变形缝的其两侧各为一个检验批	见标准
低压电动机、电加热器及电动执行机构检查接线	低压电动机、电加热器及电动机执行机构检查接线	按功能划分或与土建工程划分一致	见标准
柴油发电机组的安装	柴油发电机组的安装	按组分各自为一个检验批或与土建工程划分一致	见标准
不间断电源的安装	不间断电源的安装	按组分各自为一个检验批或与土建工程划分一致	见标准
低压电力动力设备、试验和试运行	低压电力动力设备、试验和试运行	按系统或调试和安装使用方便的原则划分	见标准

续表

分 项 工 程	检 验 批	划 分 方 法	验收评定
裸母线安装、封闭母线安装、插接母线安装	裸母线安装、封闭母线安装、插接母线安装	按主配电室划分各自为一个检验批，有多个分配电室且不属于一个子分部的各自为一个检验批，其他按供电区段划分	见标准
电缆桥架安装和桥架内电缆敷设	电缆桥架安装和桥架内电缆敷设	按供电区段、电气竖井编号划分	见标准
电缆沟内和电气竖井内电缆敷设	电缆沟内和电气竖井内电缆敷设	按供电区段、电气竖井编号划分	见标准
电线导管、电缆导管和电线槽敷设	电线导管、电缆导管和电线槽敷设	按供电区段、电气竖井编号划分或与土建工程一致的原则划分	见标准
电线导管、电缆导管和电线槽敷设	电线导管、电缆导管和电线槽敷设	按区段和楼层划分；高层及中高层住宅按单元划分，通廊式的塔式高层住宅可采用与土建工程一致原则划分	见标准
线槽敷线	线槽敷线	按施工部位与土建工程一致原则划分	见标准
钢索配线	钢索配线	按楼层或区段划分	见标准
电缆头制作、接线和线路绝缘测试	电缆头制作、接线和线路绝缘测试	按安装区域、供电系统或方便基础测试的原则划分	见标准
专用灯具安装	专用灯具安装	按楼层、单元或使用场所区域划分	见标准
普通灯具安装	普通灯具安装	按楼层、单元或使用场所区域划分	见标准
建筑物景观照明灯、航空障碍标志灯和庭院灯的安装	建筑物景观照明灯、航空障碍标志灯和庭院灯的安装	按系统景观区域划分	见标准
开关、插座、风扇安装	开关、插座、风扇安装	按楼层、单元划分	见标准
建筑物照明通电试运行	建筑物照明通电试运行	按楼层、供电系统或单元划分	见标准
接地装置安装	接地装置安装	人工接地极不按数量，统一作为一个检验批，利用建筑物基础钢筋作接地体的作为一个检验批，大型基础可按区块划分几个检验批	见标准
避雷引下线和变配电室接地干线敷设	避雷引下线和变配电室接地干线敷设	六层以下的建筑为一个检验批，高层建筑依据均压环设置间隔的层数各为一个检验批或属于一个子分部工程的作为一个检验批	见标准

分 项 工 程	检 验 批	划 分 方 法	验收评定
接闪器安装	接闪器安装	按不同楼层、屋面划分，同一层面为一个检验批	见标准
建筑物等电位联结	建筑物等电位联结	按进线系统和楼层划分，每层楼一个检验批，有变形缝的其侧各为一个检验批，应按与建筑物土建划分标准一致原则划分	见标准

三、分部分项工程质量标准

电气安装工程分部分项工程的质量标准，分部分项工程的主控项目和一般项目见《建筑电气工程质量验收规范》（GB 50303—2002）。

四、分部分项工程质量的评定

（一）检验批合格质量的规定。

1. 主控项目

（1）主控项目中重要材料、构件及配件、成品及半成品、设备的性能及附件的材质、技术性能等，其技术数据及项目等必须符合国家有关技术标准的规定。

（2）电气绝缘、接地测试和安全保护、试运行结果等，其数据及项目必须符合国家有关验收标准、规范的规定。

（3）主控项目的重要允许偏差项目，其实测值必须控制在标准规定值之内。

2. 一般项目

（1）一般项目的允许偏差项目，其所有抽查点（处）实测值，应有80％及其以上控制在标准规定值之内，其余20％及以下的抽查点（处）实测值可以超过标准规定值。

（2）对于一般项目中不能确定偏差值而又允许出现一定缺陷的项目，其缺陷数量应控制在标准的规定范围内。

（3）对一般项目中定性的项目，应基本符合标准的规定。

3. 具有完整的施工操作依据、质量检查记录

（二）检验批优良质量的规定

1. 主控项目

（1）主控项目中重要材料、构件及配件、成品及半成品、设备的性能及附件的材质、技术性能等，其技术数据及项目必须符合国家有关技术标准的规定。

（2）电气绝缘、接地测试和安全保护、试运行结果等，其数据及项目必须符合设计要求及国家有关验收标准、规范的规定。

（3）主控项目的重要允许偏差项目，其实测值必须控制在标准规定值之内。

2. 一般项目

（1）一般项目的允许偏差项目，其所有抽查点（处）实测值，应有80％及其

以上控制在标准规定值之内，其余20％及以下的抽查点（处）实测值可以超过标准规定值，但通常不得超过标准规定值的120％。

（2）对于一般项目中不能确定偏差值而又允许出现一定缺陷的项目，其缺陷数量应控制在标准的规定范围内。

（3）对一般项目中定性的项目，应符合标准的规定。

3. 具有完整的施工操作依据、质量检查记录

（三）分项工程合格的规定

（1）分项工程所含检验批均达到标准的合格质量标准。

（2）分项工程所含检验批中符合标准优良质量未达到70％。

（3）分项工程所含检验批的施工操作依据、质量检查、验收记录应完整。

（四）分项工程优良质量的规定。

（1）分项工程所含检验批均达到标准的合格质量标准规定，其中有70％以上的检验批符合标准的优良质量标准的规定。

（2）分项工程检验批的施工操作依据、质量检查、验收记录完整。

（五）分部（子分部）工程合格质量的标准

（1）分部（子分部）所含分项工程均达到标准的合格质量标准。

（2）分部（子分部）所含分项工程均达到标准的优良质量标准规定的未达到70％。

（3）质量控制资料应完整。

（4）有关安全及性能的检验和抽样检测结果应符合有关规定。

（5）观感质量验收得分率不低于80％。

（六）分部（子分部）工程优良质量的标准

（1）分部（子分部）所含分项工程均达到标准的合格质量标准规定，其中有70％及以上的分项工程符合标准的优良质量标准规定。

（2）质量控制资料完整。

（3）有关安全及性能的检验和抽样检测结果应符合有关规定。

（4）观感质量验收得分率不低于90％。

（七）建筑电气安装工程质量不符合要求时的处理规定

（1）经返工重做或更换器具、设备的检验批，应重新进行验收。

（2）经有资质检测单位检测鉴定能达到设计要求的检验批，应予以验收。

（3）经有资质检测单位检测鉴定达不到要求，但经设计单位核算认可能满足结构安全和使用功能的检验批，可予以验收。

（4）经返修或加固处理的分项、分部工程，虽然改变外形尺寸，但仍能满足安全使用要求，或按技术处理方案和协商文件处理，达到安全使用要求，可以进行验收。

（5）当通过返修加固处理后，仍不能满足安全使用要求的分部工程，单位（子单位）工程，严禁验收。

（八）质量评定记录

详见附录。

五、建筑电气工程验收

（一）竣工验收的分类

（1）隐蔽工程的验收（分部分项）。

（2）单项工程验收（单项工程按图纸施工完毕进行验收）。

（3）分期验收（分期分批进行的项目验收）。

（4）全部验收（项目按计划要求，达到竣工验收的标准而实施工验收）。

（二）验收的依据

（1）上级主管部门有关建设文件。

（2）甲乙双方工程承包合同。

（3）设计文件、图纸、设备使用说明书。

（4）国家施工标准及验收规范。

（5）建筑安装工程质量统一规定。

（6）涉外的设备按其生产国家的标准执行验收。

（三）验收工程应达到的标准

（1）设备调试试运转达到设计要求，运转正常。

（2）施工现场清理完毕。

（3）工程按合同和设计图纸要求全部施工完毕，达到国家的质量标准。

（4）交工所需要的资料齐全。

（四）验收资料

1. 电气安装工程对技术资料的要求

（1）具有真实性、连续性、完整性、统一性，必须与安装工艺程序同步进行。

（2）应具有质量控制作用。

2. 竣工资料的构成

竣工资料的构成有两部分。其一为质量保证技术文件；其二为质量管理技术文件。

（1）质量保证技术文件

1）封面：工程编号、名称、类别、建设单位负责人、审核人、现场代表（签字）、安装单位、设计及监理单位有关人员。

2）技术文件目录。

3）主要电气设备及元件器具的开箱记录（问题处理意见）。

4）主要电气设备及元件器具的出厂合格证及二次复试的证明书。

5）主要电气设备及元件器具的安装记录。

6）主要电气设备及元器件的调试记录。

7）电气设备系统运行记录（变配电系统、电动机、照明系统、弱电系统）。

8）隐蔽工程验收记录（项目、内容、数量、草图或示意图）。

9）中间交工验收资料。

10）重大事故鉴定报告。

11）工程质量返修单。

12）交工验收证书。

13）工程验收报告。

14）工程测量定位基础标高。

15）竣工图。

16）设计变更、洽商记录。

17）工程质量评定资料。

18）工程档案移交清单。

（2）质量管理技术文件

1）封面。

2）目录。

3）开工报告。

4）图纸会审记录。

5）施工组织设计及技术措施。

6）停工或复工报告。

7）技术改进报告。

8）技术改进奖励审批表。

9）安全质量自检记录。

10）工程预验收记录。

11）分部分项工程质量评定。

12）施工日志。

13）工程技术资料管理清单（应注明资料名称和份数）。

3. 竣工验收检查内容

（1）竣工图、设计文件和图纸会审记录。

（2）主要设备和器具合格证及进场验收记录。

（3）隐蔽记录。

（4）电气设备交接实验记录。

（5）接地电阻和绝缘电阻测试记录。

（6）空载、负载运行记录。

（7）建筑照明通电实验记录。

（8）工序交接合格等施工安装记录。

六、建筑电气安装工程竣工资料的填写

按附录中的表进行填写。

思考与练习

1. 情境一思考与练习中的办公实验室照明平面图所包括的工作内容有哪些？

2. 情境一思考与练习中的防雷接地装置图所表达的工作内容有哪些？

情境四 编制电气安装工程施工图预算

任务一 学习电气预算定额

【引导问题】

1. 什么是电气安装工程预算定额？

2. 建筑安装工程费用定额包括哪些内容？

【任务目标】

熟练掌握预算定额及工程量清单的编制方法及工程量清单计价的报价方式。预算书的编制能够达到用定额与清单编制与确定投标报价。软件应用能力达到熟练程度。工程量计算准确，定额应用达到列项不重复不丢失、定额套项准确。

一、电气安装工程预算定额

（一）电气预算定额的概念

电气安装预算定额是指完成单位电气安装工程所消耗的人工、材料、机械台班实物量指标，及安装基价的标准数值。它是编制电气安装工程预（结算）、招标标底（或招标控制价）、投标报价的重要依据，是编制材料计划的依据，是编制概算定额、概算指标的基础资料。

定额适用的范围：新建、改建、扩建的工业与民用建筑的安装工程。

（二）电气安装定额的组成

电气预算定额由总说明、目录、章说明、定额项目表、附录组成。

1. 总说明

（1）定额适用范围。

（2）编制原则和依据。

（3）人工、材料、机械消耗量的确定依据和计算办法及有关规定。

（4）有关费用（脚手架搭拆、工程超高费、高层作业增加费、安装与生产同时进行降效费、有害作业环境增加费等费用）计取的相关规定。

以黑龙江省建设工程预算定额（电气）为例见如下范例。

（5）定额中包括的工作内容和不包括的工作内容。

2. 目录

主要列出项目定额组成名称和页次，以便查找及索引定额项目。

3. 章说明（详细说明见下文"定额说明"内容）

主要说明以下问题：

（1）适用的分部工程范围、主要的工作内容及不包括的工作内容。

（2）分部分项工程单价调整系数调整的规定。

例如，黑龙江省建设工程预算定额（电气）第八章说明如下：

本章的电力电缆头均按铝芯考虑的，铜芯电缆头按同截面电缆头定额基价增加20%双屏蔽电缆头制作、安装定额人工费增加5%。

（3）分部分项工程量计算规则及有关规定。

（4）关于各项费和规定：

1）脚手架搭拆费：除各章另有规定和定额项目已考虑的除外，均按本规定执行。

（第一章～第九章，第十一章～第十五章）按人工费4%计取，其中人工工资占25%。

（第十六章～第十八章）按人工费5%计取，其中人工工资占25%。

2）工程超高增加费：

（第一章～第九章，第十一章～第十五章）定额中工程超高增加费（已考虑了超高因素的定额项目除外）：是指操作物高度距楼地面5m以上20m以下的电气安装工程，按超高部分的电气安装工程人工费的33%计取，工程超高费全部为人工费。

3）高层建筑增加费：（是指高度在6层以上或20m以上的工业与民用建筑）按高层建筑增加费表计算，见下表。

4）安全与生产同时进行时，按人工费增加10%（已考虑的定额项目除外）。

5）在有害身体健康的环境中，按人工费增加10%。

4. 定额项目（表见2000年黑龙江省建设工程预算定额电气分册——电动机联锁装置调试范例）。

①分项工作内容。

②预算定额基价，即人工费、材料费、机械台班使用费。

③工日、材料、机械台班单价。

④一个计量单位的分项工程的人工消耗量、材料（主要材料及辅助材料）及机械台班消耗的种类和数量标准。

⑤附注：在项目表的下方，解释定额说明中未尽的问题。

定额总说明范例（节选）

高层作业增加费　　　　　　　　　　　　　　　范例4-1

层数（层以下）	9层 30m	12层 40m	15层 50m	18层 60m	21层 70m	24层 80m	27层 90m	30层 100m	33层 110m
电气安装工程按工人费的（%）	1	2	4	6	8	10	13	16	19
消防电气安装及安全防范工程按工程人工费（%）	1	2	4	5	7	9	11	14	17
层数（层以下）	36层 120m	39层 130m	42层 140m	45层 150m	48层 160m	51层 170m	54层 180m	57层 190m	60层 200m
电气安装工程按工人费的（%）	22	25	28	31	34	37	40	43	46
消防电气安装及安全防范工程按工程人工费（%）	20	23	26	29	32	35	38	41	44

5. 附录

（三）电气安装工程预算定额使用注意事项

（1）熟悉电气安装工程施工图纸、施工工艺及施工与验收规范。了解定额中所涉及的设备、材料的规格性能及安装方式。

（2）认真阅读总说明及章节说明，了解定额的适用范围和编制依据；掌握有关定额中不包括的费用的计算方法及各章系数的调整方法。

（3）掌握工程量计算，了解未计价主材的内容、名称及所规定的数量。

电动机及连锁装置调试

工作内容：电动机组、开关控制回路调试、电机连锁装置调试　　　　　　　　范例 4-2

定额编号		11-124	11-125	11-126	11-127	11-128
项　目		电机台数（50kW 以下）		电动机联锁装置（联锁台数）		
		两台机组	两台以上机组	3 以下	4～8 台	9～12 台
基　价		663.89	1960.97	135.52	317.72	444.26
其中	人工费	503.36	1555.84	91.52	228.80	320.32
	材料费	10.22	31.58	1.86	4.64	6.50
	机械费	150.31	373.55	42.14	84.28	117.14

注：电动机联锁装置调试不包括电动机及起动控制设备的调试。

二、建筑电气安装工程费用定额

建筑工程造价是由设备及工器具购置费、建筑安装工程费、工程建设其他费用（包括基本预备费和涨价预备费）、建设期贷款利息和固定资产投资方向调节税组成。

设备及工具购置费，是指按照建设工程设计文件要求，建设单位（或委托单位）购置或自制达到固定资产标准的设备和新、扩建项目首套工器及生产家具所需要的费用。

建筑安装工程费是指建设单位用于建筑和安装方面的投资，它由建筑工程费和安装工程费两部分组成。其中建筑工程费是指建设工程涉及范围内的建筑物、构筑物、场地平整、道路、室外管道铺设、大型土石方工程费用等；安装工程费是指主要生产、辅助生产、公用工程等单项工程中需要安装的机械设备、电气设备、专用设备、仪器仪表等设备的安装及配件工程，及工艺、供热、供水等各种管道、配件、阀门和供电导线安装工程费用。

工程建设其他费用，是指未纳入以上两项的，根据设计文件和国家有关规定应由项目投资支付的为保证工程建设顺利完成和交付使用后能够正常发挥效用而发生的一些费用。

预备费原称不可预见费用，按国家现行规定，包括基本预备费和涨价预备费。基本预备费是项目施工中，可能发生难以预料的支出，需要预先预备的费用，主要是指设计变更及施工过程中可能增加的费用；涨价预备费是指建设期内，由于价格变化引起的投资增加需事先预留的费用。建设项目总投资与建筑安装工程造价区别见图 4-1、图 4-2、图 4-3。建筑安装工程费用项目的组成与计算见表 4-1。

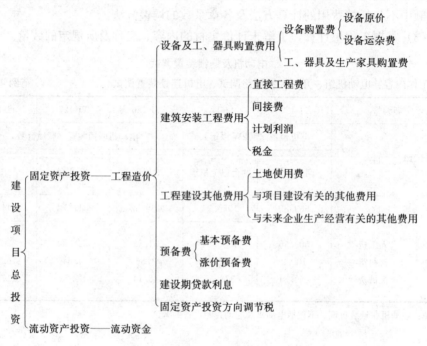

图 4-1　我国现行造价构成示意图

下面以 2007 年黑龙江省建筑安装工程费用定额为例说明费用的组成。

（一）直接费：由直接工程费和措施项目费组成

（1）直接工程费：是指施工过程中消耗的构成工程实体的各项费用。内容包括人工费、材料费、机械使用费。

1）人工费：是指直接从事建筑安装工程施工的生产工人开支的各项费用。内容包括以下几项。

①基本工资：是指发给工人的基本工资。

②工资性补贴：是指按规定发放的物价补贴、煤电补贴、肉价补贴、副食补贴、粮油补贴、自来水补贴、粮价补贴、电价补贴、燃料补贴、市内交通补贴、住房补贴、集中供暖补贴、寒区津贴和流动施工补贴。

③辅助工资：是指生产工人有效施工天数以外非作业天数的工资。包括职工学习、培训期间的工资，调动工作、探亲、休假期间的工资，因气候影响停工工资，女工哺乳期间的工资，病假在六个月以内的工资及产、婚、丧假期的工资。

④职工福利费：是指按规定标准计提的职工福利费用。

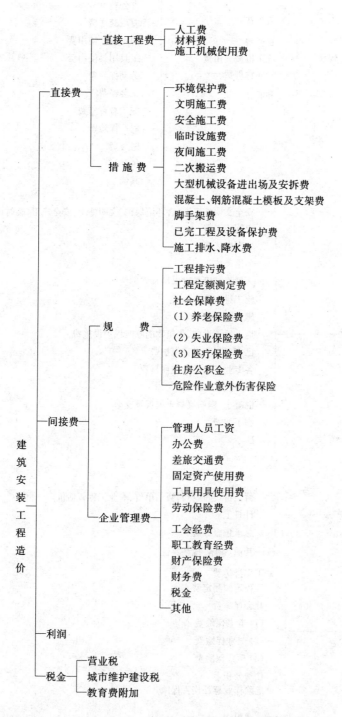

图 4-2　建筑安装工程造价组成示意图

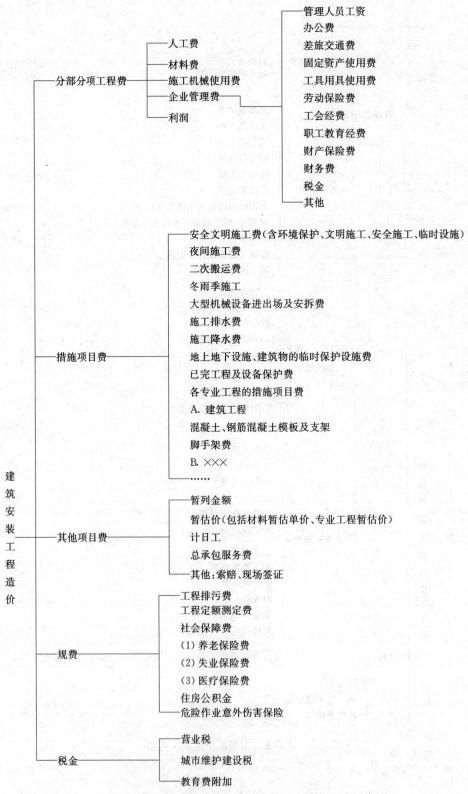

图 4-3　工程量清单计价的建筑安装工程造价组成示意图

建筑安装工程费用项目的组成与计算　　　　　　　　　　　　　表 4-1

费用名称			主　要　内　容
直接费	直接工程费	人工费	∑（工日消耗量×日工资单价） 其中：日工资单价＝日基本工资＋日工资性补贴＋日生产工人辅助性工资＋日工资福利费＋日生产工人劳动保护费
		材料费	∑（材料消耗量×材料单价）＋检测费 其中：材料单价＝[（供应价格＋运杂费）×（1＋运输消耗率）]×（1＋采购保管费率） 检测试验费＝∑（单位材料量检测试验费×材料消耗量）
		施工机械使用费	∑（施工机械台班消耗量×机械台班单价） 其中：机械台班单价＝台班折旧费＋台班大修费＋台班经常修理费＋台班安拆费场外运输费＋台班人工费＋台班燃料动力费＋台班养路费及车船使用税
	措施费	环境保护费	直接工程费×环境保护费费率
		文明施工费	直接工程费×文明施工费费率
		安全施工费	直接工程费×安全施工费费率
		临时设施费	（周转使用临建费＋一次使用临建费）×（1＋其他临时设施的比例）
		夜间施工增加费	（1－合同工期/定额工期）×（直接工程费中人工费合计/平均日工资单价）×每日夜间施工费开支
		二次搬运费	直接费×二次搬运费率
		大型机械进出厂及安拆费	一次进出厂及安拆费×年平均安拆次数/年工作台班
		混凝土、钢筋混凝土模板及支架费	模板摊销量×模板价格＋支、拆、运输费
		已完工程及设备保护费	成品保护所需要机械费＋人工费＋材料费
		施工排水及降水费	∑排降水台班费×排降水周期＋排降水材料费、人工费
间接费	企业管理费	管理人员工资 办公费 差旅费 固定资产使用费 工具用具使用费 劳动保险费 工会经费 职工教育经费 财产保险费 财务费 税金 其他	1. 公式计算法 　企业管理费＝计算基数×相应企业管理费率，其中：计算基数可以采用"直接费"（定额项目费）"人工费"或"人工费和机械费合计" 2. 费用计算法 　企业管理费＝管理人员工资＋办公费＋差旅交通费＋固定资产使用费＋工具用具使用费＋劳动保险费＋工会经费＋职工教育经费＋财产保险费＋财务费＋税金＋其他

续表

费用名称		主 要 内 容
间接费	工程排污费	定额计价的工程： [直接工程费(定额项目费)＋一般措施费＋企业管理费＋利润＋其他费]×各项费率 清单计价的工程： [分部分项工程费用＋措施费＋其他]×各项费率
	工程定额测定费	
规费	社会保障费	
	住房公积金	
	危险作业意外伤害保险	
利润	利润	计算基数×利润率 其中：计算基数可以采用"直接费和间接费合计"、"人工费和机械费合计"或"人工费"等多种形式
税金	营业税、城乡建设维护税、教育附加费	应纳营业额税＝应纳税营业额×3% 城乡保护建设税＝应纳营业税额×适用税率 教育附加费＝应纳营业税额×3%

注：本表参考建设部、财政部［2003］206号文件规定为依据。

⑤生产劳动保护费：是指按规定标准发放的劳动保护用品的购置费及修理费、徒工服装补贴、防暑降温费及在有害身体健康环境中施工的保健费。

2）材料费：是指施工过程中消耗的构成工程实体的原材料、辅助材料、构配件、零件、半成品的费用，其内容包括以下几项。

①材料原价（或供应价格）。

②材料运杂费：是指材料从来源地运至工地仓库或指定堆施地点所发生的费用。

③运输消耗费：是指材料在运输装卸过程中不可避免的损耗。

④采购及保管费：是指为组织采购、供应和保管材料过程所耗用的各项费用。包括采购费、仓储费、工地保管费、仓储损耗。

⑤检验实验费：是指对建筑材料、构件和安装物进行一般检测，检查所发生的费用，包括自设实验室进行试验所耗用的材料和化学药品等费用。不包括新结构、新材料的试验费用和发包人对具有出场合格证明的材料的再次进行检验，对构件做破坏性试验及其他特殊要求检验试验的费用。

3）机械使用费：是指施工作业机械所发生的机械使用费及机械安拆费和场外运输费。内容包括以下几项。

①折旧费：是指施工机械在规定的使用年限内，陆续收回原值及购置资金的时间价值。

②大修理费：是指施工机械按规定的大修理间隔台班进行必要的大修理，以恢复正常功能所需要的费用。

③经常修理费：是指施工机械除大修以外的各级保养和临时故障排除所需要的费用，包括为保障机械运转所需要替换设备与随机配备工具附具的摊销和维护费用等。

④中、小型机械安拆费及场外运输费：

安拆费：是指施工机械在现场安装与拆卸所需人工、材料、机械和试运转费用及机械辅助设备的折旧、搭拆、拆除等费用。

场外运输费：是指施工机械整体或分体自停放地点运至施工现场或由一个施工地点运至另一个施工地点的运输、装卸、辅助材料及架设线等费用。

⑤人工费：是指机上司机（司炉）和其他操作人员的工作日人工费及上述人员在施工机械规定的年工作台班以外的人工费。

⑥燃料动力费：是指施工机械在运转作业中所耗用的固体燃料（煤、木柴）、液体燃料（汽油、柴油）及水、电等。

⑦养路费和车船使用税：是指施工机械按照国家规定和有关部门规定应缴纳的养路费、车船使用税、保险费和年检费等。

（2）措施费：是指为完成工程项目施工，发生于该工程施工前和施工过程中的技术、生活、安全等方面的非工程实体项目所需要的费用。内容包括以下几项。

1）定额措施费：

①特、大型设备进出场及安拆费：是指机械整体或分体自停放地点运至施工现场或由一施工地点运至另一施工地点所发生的机械进出场运输转移费用及机械在施工现场进行安装、拆卸所发生的人工费、材料费、机械费、试运转费和安拆所需的辅助设施费的费用。

②混凝土、钢筋混凝土模板及支架费：是指混凝土施工过程中需要的各种模板、支架等的支、拆、运输费用及模板、支架的摊销（或租赁）费用。

③脚手架费：是指施工需要的各种脚手架搭、拆、运输费用及脚手架的摊销（或租赁）费用。

④施工排水、降水费：是指为确保在正常条件下施工，采取各种排水、降水措施所发生的各项费用。

⑤垂直运输费：是指施工需要的垂直运输机械的使用费用。

⑥建筑物（构筑物）的超高费：是指檐高超过 20m 或（6 层）时需要增加的人工和机械降效等费用。

⑦《建设工程工程量清单计价规范》规定的各专业定额列项的各种措施（现场施工围挡除外）费用。

2）安全生产措施费：是指按照国家有关规定和建筑工程施工安全规范、施工现场环境与卫生标准，购置施工安全防护用具、落实施工安全措施及改善安全生产条件所需的费用。内容包括以下几项。

①环境保护费：包括主要道路和材料场地的硬化处理，裸露的场地和集中堆放的土石方采取覆盖措施、固化或绿化等措施，土方作业采取防止扬尘措施，土方（渣土）和垃圾运输采取覆盖措施，水泥和其他易飞扬的细颗粒建筑材料密闭存放或采取覆盖措施，现场混凝土搅拌场地采用密闭降尘措施，现场设施排水沟及沉淀池所需要的费用，现场存放油料和化学溶剂等物品的库房地面应做的防渗透处理费用，食堂设置的隔离池的费用，化粪池的抗渗透处理费用，上下水管设置的过滤水网的费用，降低噪声所需的费用等。

②文明施工费：包括"五图一板"；现场围挡墙面美化（内外粉刷、标语等）、压顶装饰、其他临时设施的装修美化措施；符合卫生要求的饮水设备、淋浴、消毒设施、防煤汽中毒、防蚊虫叮咬等措施及现场绿化费用。

③安全施工费：包括定额项目中垂直防护架、垂直封闭防护；"四口"（楼梯口、电梯口、通道口、预留口）的封闭、防护栏杆；高处作业悬挂安全带的悬索和其他设施，施工机具安全防护而设置的防护棚、防护门（栏杆）、密目式安全网封闭。

④临时设施费：是指企业为进行建筑工程施工所必须搭设的生活和生产用的临时建筑物、构筑物和其他临时设施费用等。

临时建筑物、构筑物：包括办公室、宿舍、食堂（制作间灶台及其周边贴瓷砖、地面的硬化和防滑处理、排风设施和冷藏设施）、厕所（水冲式或移动式、地面的硬化处理）、诊疗所、淋浴间、开水房、盥洗设施、文体活动室（场地）、仓库、加工场、搅拌站、密闭式垃圾站（或容器）、简易水塔等。

其他临时设施：包括施工现场临时道路、供电管线（施工安全用电设置的漏电保护器、保护接地装置、配电箱等）、供水管道、排水管道；施工现场采用彩色、定型钢板、砖及混凝土砌块等围挡及灯箱式安全门、门卫室。

临时设施费用：包括临时设施的搭设、维修、拆除费或摊销费用。

临时设施全部或部分由发包人提供时，承包人仍计取临时设施费，但应向发包人支付使用租金，各种库房和临时房屋租金标准按本定额规定或双方合同约定。

⑤防护用品等费用：包括扣件、起重机械安全检验检测费用；配备必要的应急救援器材、设备的购置费及摊销费用；防护用品的购置费及修理费、防暑降温措施费用；重大危险源、重大事故隐患的评估、整改、监控费用，安全生产检查与评价费用；安全技能培训及进行应急救援演练费用以及其他与安全生产直接相关的费用。

3）一般措施费：

①夜间施工费：是指按规范、规程正常作业所发生的夜班补助费、夜间施工降效、夜间施工照明设备摊销及照明用电等费用。

②材料、成品、半成品（不包括混凝土预制构件和金属构件）二次搬运费：是指因施工场地狭小等特殊情况而发生的二次搬运费用。

③已完工程及设备保护费：是指竣工验收前，对已完工程及设备进行保护所需费用。

④工程定位、复测、点交清理费：是指工程的定位、复测、场地清理及交工时垃圾清除、门窗的洗涮等费用。

⑤生产工具用具使用费：是指施工生产所需不属于固定资产的生产工具及检验用具等的购置、摊销和维修费，以及支付给工人自备工具的补贴费用。

⑥室内空气污染测试费：是指按规范对室内环境质量的有关含量指标进行检测所发生的费用。

⑦雨季施工费：是指在雨季施工所增加的费用。包括防雨措施、排水、工效降低等费用。

⑧冬季施工费：是指在冬季施工时，为确保工程质量所增加的费用。包括人工费、人工降效费、材料费、保温设施（包括炉具设施）费、人工室内外作业临时取暖燃料费、建筑物门窗洞口封闭等费用。不包括暖棚法施工而增加的费用及越冬工程基础的维护、保护费。

冬季施工期限：北纬 48°以北：10 月 20 日至下年 4 月 20 日

北纬 46°以北：10 月 30 日至下年 4 月 5 日

北纬 46°以南：11 月 5 日至下年 3 月 31 日

⑨赶工施工费：是指发包人要求按照合同工期提前竣工而增加的各种措施费用。

⑩远地施工费：是指施工地点与承包单位所在地的实际距离超过 25km（不包括 25km）承建工程而增加的费用。包括施工力量调遣（大型施工机械搬迁费按实际发生计算）费、管理费。

施工力量调遣费：调遣期间职工的工资、施工机具、设备以及周转性材料的运杂费。

管理费：调遣职工往返差旅费、在施工期间因公、因病、探亲、换季而往返于原驻地之间的差旅费和职工在施工现场食宿增加的水电费、采暖和主副食运输费等。

（二）间接费：由企业管理费和规费组成

（1）企业管理费：是指企业组织施工生产和经营管理所需费用。内容包括以下几项。

1）管理人员工资：是指管理人员的基本工资、工资性补贴和职工福利费等。

2）办公费：是指企业管理办公用的文具、纸张、账表、印刷、邮电、书报、会议、水电、烧水和集体取暖（包括现场临时宿舍取暖）用燃料等费用。

3）差旅交通费：是指职工因公出差、调动工作的差旅费、住勤补助费、市内交通费和误餐补助费、职工探亲路费、劳动力招募费、职工离退休及退职一次性路费、工伤人员就医路费、工地转移费以及管理部门使用的交通工具的油料、燃料、养路费及牌照费。

4）固定资产使用费：是指管理和试验部门及附属生产单位使用的属于固定资产的房屋、设备仪器等的折旧、大修、维修或租赁费。

5）工具用具使用费：是指管理使用的不属于固定资产的工具、器具、家具、交通工具和检验、试验、测绘用具等的购置、维修和摊销费。

6）劳动保险费：是指支付离退休职工的易地安家补助费、职工退职金、六个月以上的病假人员工资、职工死亡丧葬补助费、抚恤费和按规定支付给离休干部的各项经费。

7）工会经费：是指企业按职工工资总额计提的工会经费。

8）职工教育经费：是指企业为职工学习先进技术、提高文化水平，按职工工资总额计提的费用。

9）财产保险费：是指施工管理用财产和车辆保险费用。

10）财务费：是指企业为筹集资金而发生的各项费用。

11）税金：是指企业按规定缴纳的房产税、车船使用税、土地使用税及印花税等。

12）其他：包括技术转让费、技术开发费、业务招待费、广告费、公证费、法律顾问费、审计费和咨询费等。

（2）规费：是指政府和有关部门规定必须缴纳的费用（简称规费）。内容包括以下几项。

1）危险作业意外伤害保险费：是指按照《建筑法》规定，企业为从事危险作业的建筑安装施工人员支付的意外伤害保险费。

2）工程定额测定费：是指按规定支付工程造价管理部门的定额测定费。

3）社会保险费：

①养老保险费：是指企业按规定标准为职工缴纳的基本养老保险费。

②失业保险费：是指企业按规定标准为职工缴纳的失业保险费。

③医疗保险费：是指企业按规定标准为职工缴纳的基本医疗保险费。

4）工伤保险费：是指企业按规定标准为职工缴纳的工伤保险费。

5）住房公积金：是指企业按规定标准为职工缴纳的住房公积金。

6）工程排污费：是指企业按规定标准缴纳的工程排污费。

（三）利润：

利润是指企业完成承包工程所获得的盈利。

（四）其他

（1）人工费价差：是指人工费信息价格（包括地、林区津贴、工资类别差等）与本定额规定标准的差价。

（2）材料价差：是指材料实际价格（或信息价格、价差系数）与省定额中材料价格的差价。

（3）机械费价差：是指机械费实际价格（或信息价格、价差系数）与省定额中机械费的差价。

（4）材料购置费：是指发包人自行采购材料的费用。

（5）预留金：是指发包人为可能发生的工程量变更而预留的金额。

（6）总承包服务（管理）费：是指配合协调发包人进行的工程分包和材料采购所需费用。包括分包的工程与主体发生交叉施工，或虽不发生交叉施工，但要求承包人履行总包责任（现场协调、资料整理、竣工验收）及材料采购提供用量计划等。

（7）零星工作费：是指完成发包人提出的、工程量暂估的零星工作项目所需的费用。

（五）税金

税金是指国家税法规定的应计入建筑安装工程造价内的营业税、城市维护建设税及教育费附加。

三、各类工程的费用标准

各类工程的费用标准见表 4-2～表 4-9。

（一）一般措施费（％）　　　　　　　　表 4-2

项　目		建筑	安装	市政	装饰	园林绿化	修缮
计费基础		人　工　费					
夜间施工费		0.25	0.10	0.15	0.10	0.10	0.10
二次搬运费		0.25	0.20	0.20	0.30	0.10	0.20
已完工程及设备保护费		0.20	0.30	0.15	0.25	0.15	0.10
工程定位、复测、点交清理费		0.25	0.20	0.20	0.20	0.15	0.15
生产工具用具使用费		0.20	0.20	0.20	0.20	0.20	0.20
室内空气污染测试费		0.50	—	—	—	—	—
雨季施工费		0.20	0.15	0.20	0.15	0.15	0.15
冬季施工费		4.50	1.50	1.00	1.50	2.00	2.00
赶工施工费		按实际发生计算					
远地施工费	25～100km	9.50					—
	100～200km	11.00					—
	200～300km	12.00					—
	300～400km	13.50					—
	400～500km	15.00					—

注：1. 室内空气污染测试费按《计价规范》规定属于装饰装修中的措施项目，根据实际情况此项费用列入建筑工程计取；

2. 赶工施工费根据工程的实际情况，制定赶工施工的措施方案，由发、承包双方在补充协议中约定；

3. 远地施工费根据工程的实际情况，由发、承包双方在施工合同中约定。

（二）企业管理费　　　　　　　　表 4-3

项　目	土　建	安　装	市　政	装　饰	园林绿化	修　缮
计费基础	人　工　费					
企业管理费	25～21	26～22	23～20	21～18	12～10	8～6

（三）利润　　　　　　　　表 4-4

项　目	土　建	安　装	市　政	装　饰	园林绿化	修　缮
计费基础	人　工　费					
利　润	50				20	15

（四）预留金、总承包服务（管理）费

1. 预留金　　　　　　　　表 4-5

项　目	土　建	安　装	市　政	装　饰	园林绿化	修　缮
计费基础	定额计价的工程：定额项目费＋一般措施费＋企业管理费＋利润工程量清单计价的工程：分部分项工程费＋措施费					
预留金	1％～8％					

2. 总承包服务（管理）费 　　　　表 4-6

项　目	土　建	安　装	市　政	装　饰	园林绿化	修　缮
计费基础	定额计价的工程：单独分包专业工程的（定额项目费＋一般措施费＋企业管理费＋利润或材料购置费）					
总承包服务（管理）费	1～3％					

（五）安全生产措施费（％） 　　　　表 4-7

项　目	土　建	安　装	市　政	装　饰	园林绿化	修　缮
计费基础	定额计价的工程：定额项目费＋一般措施费＋企业管理费＋利润＋其他 工程量清单计价的工程：分部分项工程费＋措施费＋其他					
环境保护费文明施工费	0.30	0.25	0.25	0.15	0.15	0.15
安全施工费	0.23	0.19	0.19	0.12	0.12	0.12
临时设施费	1.40	1.19	1.19	0.72	0.72	0.72
防护用品等费用	0.11	0.09	0.09	0.05	0.05	0.05
合　计	2.04	1.72	1.72	1.04	1.04	1.04

注：1. 建筑工程的垂直防护架、垂直封闭防护执行相应定额项目；

　　2. 安装、市政工程的施工围挡（栏）已包含在安全生产措施费中，其相应定额规定的项目不再计算。

（六）规费（％） 　　　　表 4-8

项　　目		各 类 工 程
计费基础		定额计价的工程：定额项目费＋一般措施费＋企业管理费＋利润＋其他工程量清单计价的工程：分部分项工程费＋措施费＋其他
危险作业以外伤害保险费		0.11
工程定额测定费		0.10
社会保险费	养老保险费	2.99
	失业保险费	0.19
	医疗保险费	0.40
工作保险费		0.04
住房公积金		0.43
工程排污费（包括固体废物及危险废物排污、噪声超标排污）		0.06
合　　计		4.32

注：工程实体污水排污另行计算。

（七）税金（%）　　　　　　　　　　　　　　　　表 4-9

项　　目	各类工程（工程所在地）		
	市　　区	县城、镇	城、镇以外
计费基础	不含税工程费用		
营业税、城市维护建设税、教育费附加	3.14（哈尔滨市区内 3.44）	3.35	3.22

四、有关费用标准

有关费用标准见表 4-10～表 4-13。

（一）人工单价　　　　　　　　　　　　　　　　表 4-10

项　　目	各 类 工 程
人工单价	35.05 元/工日

注：1. 人工费单价每工日按 8 小时计算；

　　2. 此单价为各类工程计费的统一标准，具体标准由省建设行政工程造价主管部门根据市场价格确定发布；

　　3. 在有害身体健康的环境中施工的安装、市政工程其相应定额的规定不再计算。

（二）工程风险费　　　　　　　　　　　　　　　　表 4-11

项　　目	各类工程	备　　注
计费基础	人工费＋材料费＋机械使用费	采用固定价格时，考虑工程实施期间价格的风险因素而计算的费用
工程风险费	自行确定	

（三）零星用工、包工不包料　　　　　　　　　　　　表 4-12

项　　目	各类工程	
	零星用工	包工不包料
计费基础	人 工 费	
企业管理费	2.00	5.00

（四）各类工程库房、临时房屋租金　　　　　　　　表 4-13

项　　目	各 类 工 程
租　　金	1.92 元/（月·m²）

五、计算程序

计算程序见表 4-14～表 4-16。

（一）定额计价的单位工程费用计算程序　　　　　　表 4-14

序号	费用名称	计　算　式	备　　注
（一）	定额项目费	按预（概）算定额计算的项目基价之和	
（A）	其中：人工费	Σ工日消耗量×人工单价（35.05 元/工日）	35.05 元/工日为计费基础
（二）	一般措施费	（A）×费率	

序号	费用名称	计　算　式	备　注
（三）	企业管理费	（A）×费率	
（四）	利　润	（A）×利润率	
（五）	其　他	(1)+(2)+(3)+(4)+(5)+(6)+(7)	
(1)	人工费价差	人工费信息价格（包括地、林区津贴、工资类别差）与本定额人工费标准 35.05 元/工日的（±）差价	采用固定价格时可以计算工程风险费（定额项目费×费率）
(2)	材料价差	材料实际价格（或信息价格、价格系数）与省定额中材料价格的（±）差价	
(3)	机械费价差	机械费实际价格（或信息价格、价差系数）与省定额中机械费的（±）差价	
(4)	材料购置费	根据实际情况确定	预算或报价中不含此材料费时可以计算
(5)	预留金	[（一）+（二）+（三）+（四）]×费率	工程结算时按实际调整
(6)	总承包服务（管理）费	分包专业工程的（定额项目费+一般措施费+企业管理费+利润）×费率或材料购置费×费率	业主进行工程分包或业主自行采购材料时可以计算
(7)	零星工作费	根据实际情况确定	
（六）	安全生产措施费	(8)+(9)+(10)+(11)	工程结算时，根据建设行政主管部门安全监督管理机构组织安全检查、动态评价和工程造价管理机构核定的费用费率计算
(8)	环境保护费文明施工费	[（一）+（二）+（三）+（四）+（五）]×费率	
(9)	安全施工费	[（一）+（二）+（三）+（四）+（五）]×费率	
(10)	临时设施费	[（一）+（二）+（三）+（四）+（五）]×费率	
(11)	防护用品等费用	[（一）+（二）+（三）+（四）+（五）]×费率	
（七）	规　费	(12)+(13)+(14)+(15)+(16)+(17)	
(12)	危险作业意外伤害保险费	[（一）+（二）+（三）+（四）+（五）]×0.11%	
(13)	工程定额测定费	[（一）+（二）+（三）+（四）+（五）]×0.10%	
(14)	社会保险费	①+②+③	
①	养老保险费	[（一）+（二）+（三）+（四）+（五）]×2.99%	
②	失业保险费	[（一）+（二）+（三）+（四）+（五）]×0.19%	

序号	费用名称	计算式	备注
③	医疗保险费	$[(-)+(二)+(三)+(四)+(五)]\times0.40\%$	
(15)	工伤保险费	$[(-)+(二)+(三)+(四)+(五)]\times0.04\%$	
(16)	住房公积金	$[(-)+(二)+(三)+(四)+(五)]\times0.43\%$	
(17)	工程排污费	$[(-)+(二)+(三)+(四)+(五)]\times0.06\%$	
(八)	税 金	$[(-)+(二)+(三)+(四)+(五)+(六)+(七)]\times3.41\%$	或3.35%、3.22% (哈尔滨市区内为3.44%)
(九)	单位工程费用	$(-)+(二)+(三)+(四)+(五)+(六)+(七)+(八)$	

(二) 工程量清单计价的工程费用计算程序

1. 分部分项工程、定额措施、零星工作项目的综合单价计算程序　　表 4-15

序号	费用名称	计算式	备注
(1)	人工费	Σ工日消耗量×人工单价	35.05 元/工日为计费基础
(2)	材料费	Σ(材料消耗量×材料单价)	
(3)	机械费	Σ(机械消耗量×台班单价)	
(4)	企业管理费	(1)×费率	
(5)	利润	(1)×利润率	
(6)	工程风险费	[(1)+(2)+(3)]×费率	自行确定费率
(7)	综合单价	(1)+(2)+(3)+(4)+(5)+(6)	

2. 工程量清单计价单位工程费用计算程序　　表 4-16

序号	费用名称	计算式	备注
(一)	分部分项工程费	Σ(分部分项工程量×相应综合单价)	
(A)	其中：人工费	Σ工日消耗量×人工单价 (35.05 元/工日)	35.05 元/工日为计费基础
(二)	措施费	(1)+(2)	
(1)	定额措施费	Σ(工程量×相应综合单价)	
(B)	其中：人工费	Σ工日消耗量×人工单价 (35.05 元/工日)	35.05 元/工日为计费基础
(2)	一般措施费	[(A)+(B)]×费率	
(三)	其他	(3)+(4)+(5)+(6)	
(3)	材料购置费	根据实际情况确定	报价中不含此材料费时可以计算
(4)	预留金	[(一)+(二)]×费率	工程结算时按实际调整

续表

序号	费用名称	计 算 式	备 注
(5)	总承包服务（管理）费	分包专业工程的（分部分项工程费）＋措施费×费率或材料购置费×费率	业主进行工程分包或业主自行采购材料时可以计算
(6)	零星工作费	Σ（工程量×相应综合单价）	
(四)	安全生产措施费	(8)＋(9)＋(10)＋(11)	
(8)	环境保护费文明施工费	[(一)＋(二)＋(三)]×费率	工程结算时，根据建设行政主管部门安全监督管理机构组织安全检查、动态评价和工程造价管理机构核定的费用费率计算
(9)	安全施工费	[(一)＋(二)＋(三)]×费率	
(10)	临时设施费	[(一)＋(二)＋(三)]×费率	
(11)	防护用品等费用	[(一)＋(二)＋(三)]×费率	
(五)	规费	(12)＋(13)＋(14)＋(15)＋(16)＋(17)	
(12)	危险作业意外伤害保险费	[(一)＋(二)＋(三)]×0.11%	
(13)	工程定额测定费	[(一)＋(二)＋(三)]×0.10%	
(14)	社会保险费	①＋②＋③	
①	养老保险费	[(一)＋(二)＋(三)]×2.99%	
②	失业保险费	[(一)＋(二)＋(三)]×0.19%	
③	医疗保险费	[(一)＋(二)＋(三)]×0.40%	
(15)	工伤保险费	[(一)＋(二)＋(三)]×0.04%	
(16)	住房公积金	[(一)＋(二)＋(三)]×0.43%	
(17)	工程排污费	[(一)＋(二)＋(三)]×0.06%	
(六)	税金	[(一)＋(二)＋(三)＋(四)＋(五)]×3.41%	3.35%、3.22%（哈尔滨市区内为3.44%）
(七)	单位工程费用	(一)＋(二)＋(三)＋(四)＋(五)＋(六)	

六、有关规定

1. 没有企业资质的承包人承包承建工程

按《黑龙江省建筑市场管理条例》第四十五条（三）款规定处罚，并不得计算各项取费。

2. 施工总承包、专业承包和劳务分包

具有施工总承包资质的企业，可以对工程实行施工总承包或者对主体工程实行施工承包。承担施工总承包的企业可以对所承接的工程全部自行施工，也可以将非主体工程或者劳务作业分包给具有相应专业承包资质或者劳务分包资质的其他建筑企业。

具有专业承包资质的企业，可以承包施工总承包企业分包的专业工程或者建设单位按照规定发包的专业工程。专业承包企业可以对所承接的工程全部自行施工，也可以将劳务作业包给具有相应劳务分包资质的劳务分包企业。

具有劳务分包资质的企业，可以承接施工总承包企业或者专业承包企业分包的劳务作业。

3. 合同效力的确认

由人民法院或者仲裁机构确认。

4. 不可竞争的费用项目

(1) 安全生产措施费：包括环境保护费、文明施工费、安全施工费、临时设施费、防护用品等费用。

(2) 危险作业意外伤害保险费。

(3) 工程定额测定费。

(4) 社会保险费：包括养老保险费、失业保险费、医疗保险费。

(5) 工伤保险费。

(6) 住房公积金。

(7) 工程排污费。

5. 施工现场可以现场签证的费用必须具备下列条件及计算规定

(1) 必须是由于发包人、设计单位或其他客观原因（指必须由发包人负责承担费用）造成的损失费。

(2) 必须是由于发包人要求增加（减少）工程量从而增加（减少）费用。

(3) 必须是定额规定允许按实际发生计算或另行计算的项目费用。

合理的签证费用以金额包干形式由发承包双方议定价格的，只计取安全生产措施费、规费和税金。

合理的签证费用套用相应定额项目的可以计取各项费用及税金。

6. 特种设备检验检测费

包括锅炉及压力容器、压力管道、消防设备、燃气设备、电梯等特种设备和设施的安全检验检测，按照有关规定不属于建筑安装工程费用，如发生，由发包人支付，其标准按有关文件执行。

7. "三通一平" 费用

如发生，按实际计算，由发包人支付费用。

8. 水源、电源、热源的设备和设施的安装、搭设及维护费用

水源、电源、热源所需的设备、设施（变压器、锅炉、固定线路、管路、水泵、水表、电表、气表和变电所、锅炉房、水塔等）的安装，搭设及维修均由发包人负责并承担费用。

9. 冬季施工费标准及计费基础的确定

(1) 冬季施工期间内（例如，北纬48°以北：10月20日至下午4月20日）全部进行施工，其标准按各类工程的标准确定。

(2) 冬季施工期间内（例如，北纬48°以北：11月27日至下午3月1日）部分进行施工，其标准按冬季实际施工期占规定全部冬季施工期的比例确定。

(3) 冬季施工期间内不进行施工，此项费用可以不计取。

(4) 冬季施工费以单位工程中的人工费为计费基础。

10. 零星用工的费用计取

不属于单位工程承包范围内的零星用工，承包人（取得相应资质的企业）应向发包人计取企业管理费；属于单位工程承包范围内的零星用工，计入单位工程费用并计取安全生产措施费、规费和税金。

11. 包工不包料的费用计取

包工不包料是指采用定额计价的工程，承包人（取得相应资质的企业）只包定额规定的人工消耗，而不包材料消耗。采用此种承包方式，承包人应向发包人按本定额规定的标准计取企业管理费，同时计取安全生产措施费、规费和税金。

12. 人工费价差的确定

合同价款采用可调价格时计算人工费价差，参照省建设行政工程造价主管部门发布的人工费信息价格与本定额规定的人工单价计算人工费差价，须在合同中约定。

13. 材料价差的确定

合同价款采用可调价格时计算材料价差，具体方法如下：

（1）以材料实际价格与省定额中的材料价格计算价差，须在合同中约定。

（2）参照建设行政工程造价主管部门发布的材料调差系数与省定额中的材料价格计算价差，须在合同中约定。

（3）参照建设行政工程造价主管部门发布的材料信息，价格与省定额中的材料价格计算价差，须在合同中约定。

14. 机械费价差的确定

合同价款采用可调价格时计算机械费价差，具体方法如下：

（1）以机械费实际价格与省定额中的机械费计算价差，须在合同中约定。

（2）参照省建设行政工程造价主管部门发布的机械费调差系数与定额中的机械费计算价差，须在合同中约定。

（3）参照省建设行政工程造价主管部门发布的机械费信息价格与定额中的机械费计算价差，须在合同中约定。

15. 施工现场堆放砂、石材料的场地，做垫层所发生的费用

包括在环境保护费中，不得另行计算。

16. 基坑中的排水费用计算

基坑中排雨水的费用已包含在雨季施工费中；基坑中排地下水与地表水的排水费用按相应定额项目计算。

17. 材料、成品、半成品（不包括混凝土预制构件和金属构件）二次搬运费

施工场地狭小、无堆放地点的情况已综合考虑在材料二次搬运费中，不得另行计算。

18. 设备的二次搬运费计算

如发生障碍物等特殊情况可按实际发生计算，并计取安全生产措施费、规费和税金。

19. 不可预见的地下障碍物的拆除与处理费用

按建设工程施工合同文本中通用条款第 7 条规定执行。

20. 因不可抗拒的自然灾害造成的损失费用

按建设工程施工合同文本中通用条款第 25 条规定执行。

21. 由于设计或发包单位原因使工程停缓建造成的损失费用

按《合同法》第 284 条及建设工程施工合同文本中通用条款第 29 条规定执行。

22. 由于设计或建设单位原因造成的返工费用

按建设工程施工合同文本中通用条款第 43 条规定执行。

23. 设计变更费用

按建设工程施工合同文本中通用条款第 57 条规定执行。

24. 安装工程中的管道工程费用计取

安装工程中的管道本身安装按安装工程费用标准计算；管道沟的基础砌筑盖板及土石方按建筑工程费用标准计算。

25. 室外与设备安装工程配套的土建工程费用计取

室外与设备安装工程配套的土建工程按建筑工程费用标准计算。

26. 各类工程个别项目套用其他专业定额项目其费用的计取

按主体工程的费用标准计算。

27. 越冬工程发生基础维护、保护费用

按实际发生计算，并计取安全生产措施费、规费和税金。

28. 越冬（冬季不施工）工程看护人员费用

按实际发生计算，并计取安全生产措施费、规费和税金。

29. 冬季采用暖棚法施工费用计算

按实际发生计算，并计取安全生产措施费、规费和税金。

30. 冬季采用锅炉法施工费用计算

燃料费不计算，计算锅炉本身的折旧摊销费、管道的安装拆卸费及锅炉、管道的运输费，并计取安全生产措施费、规费和税金。

31. 冬季施工发生大量的清雪（超出正常情况，如暴雪）费用

按实际发生计算，并计取安全生产措施费、规费和税金。

32. 工程量清单（分部分项工程量清单、定额措施项目清单、一般措施项目清单、其他项目清单）漏项或设计变更引起新的工程量清单项目增加的工程量确定

工程结算时，增加的工程量按实际计算。

33. 工程量清单（分部分项工程量清单、定额措施项目清单、一般措施项目清单、其他项目清单）漏项或设计变更引起新的工程量清单项目增加的工程量其综合单价的确定

工程结算时，综合单价由承包人提出，经发包人确认后作为结算依据。

34. 工程量清单的工程数量有误或设计变更引起工程量增减确定

由于招标人的原因造成工程量清单的工程数量有误或设计变更引起工程量增减，工程结算时按实际调整工程量。

35. 工程量清单的工程数量有误或设计变更引起工程量增减其综合单价的

确定

应在合同中约定一定的幅度（±10％），属于合同约定幅度以内的，执行原有的综合单价；属于合同约定以外的，增加部分的工程量或减少后剩余部分的工程量其综合单价由承包人提出，经发包人确认后作为结算依据。

36. 招标人对项目特征描述不准确其综合单价的确定

综合单价由承包人提出，经发包人确认后作为结算依据。

37. 分部分项工程量清单的实际工程量发生变化后，其措施费用的确定

措施费用应调整并在合同中约定调整方法。

38. 甲供材料费用

甲供材料是建筑安装工程费用的组成部分，应计取安全生产措施费、规费和税金。

39. 设备费

根据《基本建设财务管理规定》（财建〔2002〕394号）建设财务包括建筑安装工程投资支出、设备投资支出、待摊投资支出和其他投资支出。建筑安装工程投资支出是指建设单位按项目概算内容发生的建筑工程和安装工程的实际成本，其中不包括被安装设备本身的价值；设备投资支出是指建设单位按照项目概算内容发生的各种设备的实际成本。

根据《建筑安装工程费用项目组成》（建标〔2003〕206号）规定建筑安装工程费用由直接费、间接费、利润和税金组成。

按照规定已明确了设备费不属于建筑安装工程费用的组成部分，因此，不得列入建筑安装工程价款结算中。

40. 安全生产措施费的计取

安全生产措施费用是建筑安装工程费用的组成部分，招投标工程投标报价时应按照本定额规定的标准计取，招标工程、非招标工程，工程结算时根据建设行政主管部门安全监督管理机构组织安全检查、动态评价和工程造价管理机构核定的费用费率计算。

41. 规费的计取

规费是建筑安装工程费用的组成部分，招投标工程投标报价时应按照本定额规定的标准计取。招标工程、非招标工程，工程结算时发包人应根据承包人提供的实际缴纳票据，按照本定额规定的标准计取规费计入工程造价。

任务二　学习电气安装工程量计算规则

【引导问题】如何进行工程量计算？

【任务目标】了解定额工作内容，掌握工程量计算规则。

定额介绍及分部分项工程量计算规则

1. 变压器安装

(1) 定额计量单位

1）油浸式电力变压器、干式变压器、消弧线圈的安装以及电力变压器干燥以"台"为定额计量单位。

2）变压器过滤油以"吨（t）"为定额计量单位。

3）断路器、电流互感器、电压互感器、电抗器、交流滤波器装置、电容器及电容器柜的安装以"台（个）"为定额计量单位。

（2）定额内容简介

包括油浸电力变压器、干式变压器、消弧线圈的安装和电力变压器干燥、变压器油过滤。

（3）定额说明

1）油浸电力变压器安装定额适用于自耦式变压器、带负荷调压变压器及并联电抗器安装。电炉变压器按同容量电力变压器定额基价增加 100%，整流变压器按同容量电力变压器定额基价增加 60%。

2）变压器本身的检查：4000kVA 以下是按吊芯检查考虑，4000kVA 以上是按吊钟罩考虑，如果 4000kVA 以上的变压器需吊芯检查时，定额机械增加 100%。

3）干式变压器带有保护外罩时，人工和机械增加 20%。

4）整流变压器、消弧线圈、并联电抗器的干燥，执行同容量变压器干燥定额，电炉变压器按同容量变压器干燥定额基价增加 100% 执行。

5）变压器油是按设备自带考虑，施工中变压器油的过滤损耗及操作损耗已考虑在定额中。

6）变压器安装过程中放、注油及油过滤使用的容器，均已在油过滤定额中考虑，不得另行计算。

7）本章定额不包括的工作内容如下所述：

①变压器干燥棚的搭拆工作，若发生时可另行计算。

②变压器铁梯及母线、铁构件的制作、安装另执行铁构件制作安装定额。

③瓦斯继电器的检查及试验已列入变压器系统调试定额内。

④端子箱及控制箱的制作及安装按相应的定额项目执行。

⑤二次喷漆发生时，按定额相应项目执行。

（4）工程量计算规则

1）干式变压器如果有保护罩时，其定额人工费和机械费乘以系数 2.0。

2）变压器通过实验，判定受潮时才需进行干燥，所以只有需要干燥变压器时才能计算干燥的费用（编制施工预算时可列此项，工程结算时，根据实际情况再作处理）。

3）消弧线圈的干燥按同容量变压器干燥定额执行。

4）变压器油无论过滤多少次，直到过滤合格为止，其具体方法如下：

①变压器安装定额未包括绝缘油过滤，需要过滤时可按厂家提供的油量计算。

②断路器及其他充油设备的绝缘油过滤，可按制造厂规定的充油量计算。

计算公式为：

$$油过滤数量(t)＝设备油量×(1＋损耗率)$$

2. 配电装置

（1）定额计量单位

各种断路器、户内户外隔离开关、负荷开关、电流互感器、电容器、电容器组架、成套配电柜、成套箱式变电站安装定额单位以"台"为定额计量单位；电力电容以"个"为计量单位；熔断器、避雷器安装以"组"为计量单位；电抗器安装及干燥以"台"或"组"为定额计量单位。

（2）定额内容简介

包括上述（1）中内容，组合箱式变电站是指一种小型 10kV/0.4kV 户外成套箱式变电站，一般布局为变压器在箱的中间，一端为高压开关位置，另一端为低压开关位置，箱的两端开门，中间为通道，组合型低压成套装置其外形像一个集装箱，内装 6～24 台低压配电箱屏。可直接为小规模的工业与民用建筑供电，成套式箱式变电站的内部设备已由生产厂家安装好，只需要外接高压进出线即可。

（3）定额说明

1）设备本体所需要的绝缘油、六氟化硫气体、液压油等均按设备自带考虑。

2）本章定额不包括下列内容，另行执行相应定额，即端子箱安装、设备支架制作安装、绝缘油过滤、基础槽（角）钢安装。

3）设备所需要的地脚螺栓按土建预埋考虑，不包括二次灌浆。

4）互感器安装定额按单相考虑，不包括抽芯及绝缘油过滤，发生时另行处理。

5）电抗器安装是按三相叠放、三相平放和二叠一平的方式综合考虑，不论何种安装方式均不作换算，一律执行本定额。干式电抗器适用于铁芯干式电抗器和空心电抗器等干式电抗器的安装。

6）高压成套配电柜安装定额是综合考虑的，不分容量大小，均不包括母线安装和设备干燥。

7）低压无功补偿电容器屏（柜）安装按本定额相应项目执行。

8）箱式变压器站安装执行第四章定额。

（4）工程量计算规则

1）高压设备安装定额内不包括绝缘台的安装，其工程量应按施工图设计执行相应子目。

2）高压成套配电柜和箱式变电站的安装系综合考虑，均未包括基础槽钢、母线及引下线的配置安装。

3）配电设备安装的支架、抱箍及延长轴、轴套、间隔板，按施工图设计的需要量计算，执行第四章的构件制作安装定额（或按成器价计算）。

4）绝缘油、六氟化硫气体、液压油等均按设备自带考虑，电气设备外的加压设备及附属管道的安装另行计算。

5）配电设备安装子目中，未包括设备外部接线，应执行第四章端子板外部接线有关子目。

6）设备安装所需要的地脚螺栓，是按土建预埋考虑的，设备基础的二次灌浆套用《机械设备安装工程》预算定额的相应项目。

7）互感器安装是按单相考虑的，不包括抽芯及绝缘油的过滤。

3. 母线、绝缘子

（1）定额计量单位

1）绝缘子以 10 "个" 或 "串" 为定额计量单位。

2）穿墙套管以 "个" 为定额计量单位。

3）软母线安装、软母线引下线、跳线及设备连接以及组合软母线安装以 "跨/三相" 为定额计量单位。

4）带形铜、铝母线及其引下线安装以 "10m/单相" 为定额计量单位。

5）封闭式槽形母线安装区分每相额定电流以 "10m" 为定额计量单位。

6）槽形母线与发电机、变压器连接以 "台" 为定额计量单位，与断路器、隔离开关连接以 "组" 定额计量单位。

7）共箱母线安装、低压封闭式插接母线槽安装以 "10m" 为定额计量单位。

8）封闭式母线槽进出分线箱安装以 "台" 为定额计量单位。

9）重型母线安装以 "吨" 为定额计量单位，重型母线伸缩器以 "个" 为定额计量单位。

10）重型母线接触面加工以 "片/单相" 为定额计量单位。

车间带形母线安装以 "100m" 为定额计量单位。

（2）定额内容简介

包括 10kV 以下悬式绝缘子串、户内和户外式支持绝缘子安装；电压 10kV 以下的支持绝缘子的安装；导线截面 150mm²、240mm²、400mm² 以内的软母线安装；带形铜、铝母线的安装及引下线、伸缩接头、过渡板的安装。

槽形母线的安装及与设备连接，共箱母线的安装；低压插接式母线的安装；重型母线伸缩器、导板的制作安装；重型母线接触面加工等项目。

（3）定额说明

1）母线、带形母线、槽形母线的安装定额内不包括母线、金具、绝缘子等主要材料，具体可按设计数量加损耗率计算。

2）组合软导线安装定额不包括两端铁构件的制作、安装和支持瓷瓶、带形母线的安装，发生时按本章相应项目执行，其跨距是按标准跨距综合考虑的，如实际跨距与定额不符时均不换算。

3）软母线安装定额是按单串绝缘子考虑，如设计为双串绝缘子，其人工费增加 8％。

4）软母线的引下线、跳线、设备连线不区分，均按导线截面分别执行本定额。

5）带形钢母线执行铜母线定额。

6）高压共箱母线和低压封闭式插接母线槽，均按成品考虑，定额仅包括现场安装，封闭式插接母线槽在竖井内安装，其定额费和机械费增加 100％。

（4）工程量计算规则

母线分硬母线和软母线敷设。

绝缘子分悬垂绝缘子串和支持绝缘子。

1）软母线引下线，指由 T 形线夹从软母线引出设备的连接线，每三相为一组，软母线从终端耐张线夹引下（不经 T 形线夹从沟线夹引下）与设备连接部分均执行引下线定额。

2）两跨母线间的跳线安装，每三相为一组，不论两端的耐张线夹是螺栓式还是压接式，均执行软母线跳线子项目定额，不得换算。

3）设备连接线安装，指两个设备连接的部分。不论引下线、跳线、设备连接线，均分别按导线截面，三相一组计算工程量。

4）组合软母线安装，按三相一组计算，跨距（包括水平悬挂部分和两端引下部分之和）按 45m 以内考虑，跨度的长短不得调整，导线、绝缘子、线夹金具按施工图设计用量加定额的损耗率计算。安装预留长度见表 4-17。

软母线安装预留长度表（单位：m/根）　　　　　表 4-17

项　目	耐　张	跳　线	引下线、设备连接线
预留长度	2.5	0.8	0.6

5）带形母线安装及带形母线引下线安装包括铜排、铝排和固定母线的金具均按设计量加损耗率计算。

6）钢母带的安装，按同规格的铜母排执行，不得换算。

7）槽形母线及固定母线的金具按设计用量加损耗率计算，共箱母线区分壳的大小尺，长度按设计共箱母线的轴线长度计算。

8）低压（380V 以下）封闭式插接母线槽安装区分额定电流按设计母线轴线的长度计算。

9）重型母线安装以"吨（t）"为定额计量单位，重型母线伸缩器以"个"为定额计量单位。

10）带形母线、槽形母线安装均不包括支持瓶安装，其工程量分别按设计成品数量，定额执行。

硬母线安装预留长度见表 4-18。

硬母线安装预留长度表（单位：m/根）　　　　表 4-18

序　号	项　目	预留长度	说　明
1	带形、槽形母线终端	0.3	从最后一个支点算起
2	带形、槽形母线分支线连接	0.5	分支线预留长度
3	带形母线与设备连接	0.5	从设备端子接口算起
4	多片重型母线与设备连接	1.0	从设备端子接口算起
5	槽形母线与设备连接	0.5	从设备端子接口算起

4. 控制设备及低压电器

（1）定额计量单位

1）控制、继电、模拟、低压配电屏安装项目以"台"为定额计量单位。

2）硅整流柜安装，晶闸管整流柜安装，直流屏及其他屏、盘、柜安装，控制台安装及成套配电箱安装等项目均以"台"为定额计量单位。

3）控制开关、熔断器、限位开关安装以"个"为计量单位。

4）控制器、接触器、起动器、电磁铁、快速自动开关安装以"台"为定额计量单位。

5）电阻器、变阻器安装以"箱"为定额计量单位。

6）按钮、电笛、电铃安装，仪表、电器、小母线安装，分流器安装等项目以"个"为定额计量单位。

7）水位电气信号装置、木配电箱制作以"套"为定额计量单位。

8）盘柜配线、基础槽钢和角钢的制作安装以"10m"为定额计量单位。

9）铁构件制作安装及箱、盒制作安装以"100kg"为定额计量单位。

10）配电板及木板包铁皮以"m^2"为定额计量单位。

11）本章不包括支架、铁构件制作与安装，发生时另行执行本定额。

（2）定额内容简介

1）各种控制（配电）屏、柜与基础槽钢的固定方式，定额中均按综合考虑，不论与基础连接采用螺栓或焊接形式，均不作调整。柜、屏及母线的连接如因孔距未留或孔距不符，可另行计算。

2）各种控制（配电）屏、柜、台多数采用镀锌扁钢接地，配电箱的半周长按2.5m考虑扁钢接地，半周长按1.5m以内考虑裸铜线接地。

3）各种屏、柜、箱、台、安装定额均未包括端子板外部接线工作的内容，应根据设计图纸中端子的规格、数量，另套"端子板外部接线"定额。

4）各种控制（配电）屏、柜、台不包括母线配置及基础槽钢的安装，应套用有关定额。

5）基础槽钢的安装，包括搬运、平直、下料、钻孔、基础铲平、地脚螺栓、接地、油漆等工作内容，但不包括二次灌浆。

6）集中控制台适用于2m以上，4m以下的集中控制（操作）台，2m以下的集中控制台按一般控制台考虑，应分别执行定额。

7）集中箱式配电室属于独立户外配电装置，定额单位以重量"吨（t）"计算，工作内容不包括二次接线及设备本体的处理与干燥。

8）硅整流柜和晶闸管柜安装定额仅包括柜体本身的安装、固定，柜内校线、接线等，其他配件和附属设备的安装应执行其他有关定额。

（3）定额说明

1）本章包括电气控制设备、低压电器的安装，盘、柜配线，焊（压）接线端子，穿通板制作、安装，基础槽、角钢及各种铁构件的制作和安装。

2）控制设备安装除水位电气信号装置外，其他均不包括支架制作、安装。发生时执行本章相应定额。

3）控制设备未包括的工作内容有：

①二次喷漆及喷字。

②电气及设备干燥。

③焊、压接线端子。

④端子板外部（二次）接线。

4）屏上辅助设备安装，包括标签框、光字牌、信号灯、附加电阻、连接片等，但不包括屏上开孔工作。

5）各种铁构件制作均不包括镀锌、镀铬、镀锡、喷塑等其他金属防护费用。

6）轻型铁构件是指厚度在 3mm 以内的构件。

7）铁构件定额适用于本册范围内的各种支架、构件制作与安装。

8）盘柜配线是适用于盘上的少量的现场配线（黑龙江省的定额解释为，盘柜内的预留量）。

9）焊压接线端子定额只适用于导线，■■■终端头制作安装定额中已包括压接线端子，不得重复计算。

（4）工程量计算规则

1）盘、箱、柜的外部进出线预留长度按表 4-19 计算。

盘、箱、柜外部进出线预留长度（单位 m/根） 表 4-19

序 号	项 目	预留长度	说 明
1	各种箱、盘、柜、板、盒	高＋宽	盘面尺寸
2	单独安装的铁壳开关、自动开关、刀开关、起动器、箱式电阻器、变阻器	0.5	从安装对象中心算起
3	继电器控制开关、信号灯、按钮、熔断器等小电器	0.3	从安装对象中心算起
4	分支接头	0.2	分支线预留

2）端子板外部接线按盘、柜、箱、台的外部接线图计算，计算工程量时，按实际施工有无端子划分项目。

3）电气照明所需要的各种支架或构架，应执行"一般铁构件安装"项目，主材价格按照定额规定的数量品种另行计算。

5. 蓄电池

（1）蓄电池定额计量单位

1）蓄电池防震支架安装以"10m"为定额计量单位。

2）碱性蓄电池、固定式铅酸蓄电池安装以"个"为定额计量单位。

3）免维护铅酸蓄电池安装以"组件"为定额计量单位。

4）蓄电池充放电以"组"为定额计量单位。

（2）定额内容介绍

包括碱性电池、固定封闭式铅电池的安装和蓄电池充放电等项目。

（3）定额说明

1）本章定额适用于 220V 以下的各种容量的碱性和酸性电池。

2）蓄电池防振支架按随设备供货考虑，安装按地坪打眼膨胀螺栓固定考虑。

3）蓄电池电极连接条、紧固螺栓、绝缘垫均按设备自带考虑。

4）本章定额不包括蓄电池抽头连接用电缆及电缆保护管的安装，发生时，应执行本册相应定额。

5）碱性蓄电池补充电解液由厂家随设备供货，铅酸蓄电池的电解度已包括在定额中，不另行计算。

6）蓄电池充放电电量已计入定额，不论酸性、碱性电池均按电压和容量执行相应定额。

6. 电机

（1）定额计量单位

本章所列电机检查接线均以"台"为定额计量单位。

（2）定额内容简介

本章内容包括发电机及调相机检查接线，小型直流电机、小型交流异步电机、小型交流同步电机、小型防爆电机、小型立式电机检查接线，大中型电机检查接线和微型电机、变频机组、电磁调速电动机检查接线及电机干燥等项目。

1）关于电机干燥。电机在投入运行之前是否需要干燥，主要由当地的气候条件而定，本定额列有电机干燥和检查接线项目。

电机干燥时的温升速度，按规范要求为 $5\sim8℃/h$。铁芯和线圈最高允许温度为 $70\sim80℃$，使用电阻温度计或温差热电偶测温时允许至 $80\sim90℃$，干燥后吸收比及绝缘电阻值应符合要求，并经过 5h 稳定不变。定额按上述的要求计量用电量。小型电机干燥用短路法和红外线灯泡干燥法，大中型电机采用涡流干燥法。

2）关于电机重量和容量的换算。为便于编制预算，将各种常用的电机的容量（额定功率）与电机平均重量对照列表（见表 4-20）。

电机容量与电机重量对照表　　　　　　表 4-20

定额分类		小型电机							中型电机			
电机重量（t/台）		0.1	0.2	0.5	0.8	1.2	2	3	5	10	20	30
功率（kW）	直流机	2.2	11	22	55	75	100	200	300	500	700	1200
	交流电机	3.0	13	30	75	100	160	220	500	800	1000	2500

说明：电机功率与上表不附时，小型电机以功率为准，大中型电机以重量为准，本表仅限于无设计设备技术资料时使用。

（3）定额说明

1）本章定额中的"电机"是指发电机和电动机的总称，如小型电机查接线的定额适用于同功率的小型发电机的和小型电动机的检查接线。定额中的电功率是指电机的额定功率。

2）直流发电机组或多台一串机组，可按单台电机分别执行相应定额。

3）电机检查接线定额除发电机和调相电机外，均不包括电机的干燥工作，发生时，执行电机干燥定额。本章的电机干燥定额是按一次干燥所需要的人工、材料、机械消耗考虑。

4）单台重量 3t 以下的电机为小型电机，单台电机 3t 以上 30t 以下为中型电机，单台重量在 30t 以上为大型电机。大、中型电机不分交、直流一率按重量执行相应定额。

5）微型电机分成 3 类：驱动微型电机系指微型异步电动机、微型同步电动机、微型换相向器电动机、微型直流电动机等；控制微型电机是指自整角机、旋转变压器、交直流测速发电机、交直流伺服电动机、步进电机、力矩电动机等；

电源微型电机是指发电机组和单枢交流电机等。其他小型电机凡功率在 0.75kW 以下的电机均执行微型电机定额，但一般民用小型电风扇安装另执行本册的第十三章的风扇安装定额。

6）各类电机的检查接线定额均不包括控制装置的安装和接线。

7）电机的接地线本定额仍沿用扁钢（25×4），如采用其他材料接线时，材料费应调整，但人工费、机械费不变。

8）电机安装执行第一册《机械设备安装工程》预算定额的电机安装定额，其电机的检查接线及干燥执行本定额。

9）各种电机的检查接线，规范要求均有金属软管，如查设计有规定的按设计计算，设计没有规定时，平均每台电机配金属软管 1~1.5m（平均按 1.25m）。电机的电源线为导线时，应执行本定额的第四章的压接线端子定额。

（4）工程量计算规则

1）在特别潮湿的地方，电机需要多次干燥，应按实际干燥次数计算，在气候干燥、电机绝缘性能良好、符合技术标准而不需要干燥时，则不计算干燥费用。实行包干的工程可参照以下比例，由有关各方协调而定。

①低压小型电机 3kW 以下按 25％比例考虑干燥。

②低压小型电机 3~220kW 按 30％~50％考虑干燥。

③大、中型电机按 100％考虑。

2）电机检查解体项目根据需要选用。

3）电机检查接线的工程量按设计图纸区别电机型号、功率，分别计算。

7. 滑触线装置安装

（1）定额计量单位

1）轻型滑触线安装、节能型滑触线安装、角钢扁钢滑触线安装圆钢、工字钢滑触线安装均以"100m/单相"为定额计量单位。

2）滑触线支架以"10 副"为定额计量单位，指示灯以"套"为计量单位。

3）滑触线拉紧装置以"套"为计量单位，挂式滑触线支持器以"套"为定额计量单位。

4）移动软母线安装项目中，沿钢索以"套"为定额计量单位，沿滑轨以"100m"为定额计量单位。

（2）定额内容简介

包括各种滑触线、滑触线支架的安装，拉紧装置、支持器的制作与安装及移动软电缆的安装等项目。

（3）定额使用说明

1）起重机的电气装置系统按未经厂家成套安装和试运行考虑，因此起重机的电机和各种开关、控制设备、管线及灯具等均按分项定额编制预算。

2）滑触线的支架的基础铁件及螺栓按土建预埋考虑。

3）滑触线支架的油漆，均按涂一遍考虑。

4）移动软电缆敷设未包括轨道安装及滑轮制作。

5）滑触线的辅助母线安装，执行"车间带形母线"安装定额。

6) 滑触线伸缩器和坐式电车绝缘支持器的安装，已分别包括在"滑触线安装"和"滑触线支架安装"定额内，不另行计算。

7) 滑触线支架安装是按 10m 以下高度考虑的，如超过 10m 时，按本册说明的超高系数计算。

8) 铁构件制作执行第四章相应的项目。

9) 滑触线安装其附加长度和预留长度按表 4-21 计算。

（4）工程量计算规则

1) 起重机上的电气设备、照明装置和电缆管线等安装工程量根据图纸或说明书按本定额相应的章节项目执行。

2) 滑触线安装工程量附加长度见表 4-21。

滑触线安装其附加和预留长度（单位：m/根）　　　　　　表 4-21

序号	项　　目	预留长度	说　　明
1	圆钢、铜母线与设备连装	0.2	从设备连接线端子口算起
2	圆钢、铜滑触线终端	0.5	从最后一个固定点算起
3	角钢滑触线终端	1.0	从最后一个支持点算起
4	扁钢滑触线终端	1.3	从最后一个固定点算起
5	扁钢母线分支	0.5	分支线预留长度
6	扁钢母线与设备连接	0.5	从设备接线端子接口算起
7	轻轨滑触线终端	0.8	从最后一个支持点算起
8	安全节能及其他滑触线终端	0.5	从最后一个固定点算起

8. 电缆

（1）定额计量单位

1) 电缆沟挖填方以"m³"为定额计量单位，开挖路面以"m²"为定额计量单位。

2) 电缆沟铺砂盖砖、移动盖板以"100m"为定额计量单位。

3) 电缆保护管及其顶管敷设诸项中，顶管以"根"为定额计量单位，其余为"10m"为定额计量单位。

4) 电缆桥架无论材质均以"10m"为定额计量单位，组合桥架、桥架支撑架以"100kg"为定额计量单位。

5) 防火堵洞以"处"为定额计量单位，防火隔板以"m²"为定额计量单位，阻燃槽盒以"10m"为定额计量单位。

6) 铝芯和铜芯电力电缆敷设，控制电缆敷设以"100m"为定额计量单位。

7) 电力电缆终端头、中间头号不分户内与户外均以"个"为计量单位；控制电缆头以"个"为定额计量单位。

（2）定额内容简介

电缆敷设工序为：测位→搬运电缆至敷设点 →架盘及开盘→放电缆→排列整理→固定和挂牌。

（3）定额说明

1) 本章的电缆敷设定额适用于 10kV 以下的电力电缆和控制电缆敷设。定额是按平原地区和厂内电缆工程的施工条件编制的，未考虑在积水区、水底、井下等特殊条件下的电缆敷设，厂外电缆敷设工程按本章定额有关规定，另计工地运输。

2）电缆在一般山地、丘陵地区敷设时，其人工费增加30%，该地段所需要的材料，如固定桩、夹具等另行计算。

3）本章电力电缆头定额均按铝芯考虑，铜芯电力电缆头按同截面电缆头定额基价增加20%，双屏蔽电缆头制作、安装定额人工费增加5%考虑。

4）电力电缆敷设均按三芯（包括三芯连地）考虑，5芯电力电缆敷设定额基价增加30%，6芯电力电缆敷设定额基价增加60%，每增加一芯增加30%，依次类推。单芯电缆敷设按同截面电缆定额基价乘0.68系数。截面400~800mm²的单芯电力电缆敷设按400mm²电力电缆定额执行。240mm²以上的电缆头的接线端子为异型端子，需单独加工，应按实际情况计算。

5）电缆桥架安装。

①桥架安装包括运输、组合、螺栓或焊接固定、弯头制作、附件安装、切口防腐、桥式或托板式开孔、上管件隔板安装，盖板及钢制梯式桥架盖板安装。

②桥架支撑架定额适用于立柱、托臂及其他各种支架的安装。本定额已综合考虑了采用螺栓、焊接和膨胀螺栓3种固定方式，实际施工中，不论采用何种固定方式，定额均不调整。

③玻璃钢梯式桥架及铝合金梯式桥架定额均按不带盖考虑，如这两种桥架带盖，则分别执行玻璃钢槽式桥架定额和铝合金槽式桥架定额。

④钢制桥架主结构设计厚度大于3mm时，定额人工、机械增加20%。

⑤不锈钢桥架按本章钢制桥架定额基价增加10%考虑。

6）本章电缆敷设系综合定额，已将裸包电缆、铠装电缆、屏蔽电缆等因素考虑在内，因此，凡10kV以下的电力电缆和控制电缆均不分结构形式和型号，一律按相应的电缆截面和芯数执行本定额。

7）电缆敷设定额及其相配套的定额中均未包括主材，另按设计和工程量计算规则加上定额规定的损耗计算主材费用。

8）直径ϕ100以下的电缆保护管敷设执行本册配管配线章有关定额。

9）本章不包括以下工作内容：

①隔热层、保护层的制作安装。

②电缆冬季施工的加温工作和其他特殊施工条件下的施工措施费和施工降效费。

（4）工程量计算规则

1）直埋电缆的挖填土（石）方，除特殊要求外，可按表4-22计算土方量。

2）电缆保护管埋地敷设，其土方凡有施工图标注明的，按施工图计算，无施工图的一般按电缆沟深0.9m，沟宽按最外边的保护管两面侧边缘外各加0.3m工作面计算。

3）电力电缆敷设定额未考虑因波形敷设增加的长度、弧度增加的长度、电缆绕梁（柱）增加长度以及电缆与设备连接、电缆头等必要的预留长度，该长度应计入工程量，见表 4-23。

直埋电缆挖土（石）方表　　　　　　　　　　表 4-22

项　　　目	电　缆　根	
	1～2	每增加一根
每米沟长挖方量（m³）	0.45	0.153

注：1. 两根以内的电缆沟，系按上口宽 600mm、下口宽 400mm、深度 900mm 计算的常规土方量（深度按规范的最低标准）；

　　2. 每增加一根电缆，其宽度增加 170mm；

　　3. 以上土方系按埋深从自然地坪算起，如设计深度超过 900mm 时，多挖的土方另行计算。

电力电缆敷设增加长度　　　　　　　　　　表 4-23

序号	项　　　目	预留长度（附加）	说　　　明
1	电缆敷设波形、弛度、弯度、交叉	2.5%	按电缆全长计算
2	电缆进入建筑物	2.0m	规范规定最小值
3	电缆进入沟内或吊架时引上（下）预留	1.5m	规范规定最小值
4	变电所进、出线	1.5m	规范规定最小值
5	电力电缆终端头	1.5m	检修余量最小值
6	电缆中间接头盒	两端各留 2.0m	检修余量最小值
7	电缆进线控制、保护屏及模拟盘等	高+宽	按盘尺寸
8	高压开关柜及低压配电盘、箱	2m	盘下进出线
9	电缆至电动机	0.5m	从电动机接线盒算起
10	厂用变压器	3.0m	从地坪算起
11	电缆绕梁、柱等增加长度	按实际计算	按被绕物的断面情况计算增加长度
12	电梯电缆与电缆架固定点	每处 0.5m	规范规定最小值

注：电缆附加及预留长度是电缆敷设长度的组成部分，应计入电缆长度工程量中。

　　4）电缆保护管长度，除按设计规定长度计算外，遇有下列情况，应按以下规定增加保护管长度：

　　①横穿道路时，按路基宽度两面端各增加 2m。

　　②垂直敷设时，管口距地面增加 2m。

　　③穿过建筑物外墙时，按基础外缘增加 1m。

　　④穿越排水沟时，按沟壁外缘两端各加 1m。

　　5）电缆敷设按单根电缆，以"延长米"计算，同一沟内（或架上）敷设 3 根各长 100m 的电缆，应按 300m 计算，依次类推。

　　6）吊电缆的钢索及拉紧装置，应按本定额相应项目执行，计算长度以两端固定点的距离为准，不扣除拉紧装置的长度。

　　7）电缆敷设长度的计算。每条电缆由始端至终端视为一根电缆，每根电缆的水平长度加垂直长度，再加上预留长度即为电缆的全长。若室外直埋电缆，其长度还应乘以 2.5% 曲折余量，同时还要计算出和建筑物或电杆引上及引下的备用长度。其计算方法可用公式表示为：

$$L=(L_1+L_2+L_3)(1+2.5\%)$$

式中　L——电缆总长度（m 或 km）；

　　　L_1——电缆水平长度（m）；

　　　L_2——电缆垂直长度（m）；

　　　L_3——电缆预留长度（m）。

8）电力电缆和控制电缆均按一根电缆有两个终端头考虑，中间电缆头设计有图示的，按设计确定，设计没有规定的按实际情况计算（或按平均 250m 一个中间头考虑）。

9）控制电缆应区别芯数计算工程量，控制电缆在厂外敷设时（包括进厂部分），需另计算工地运输。

10）利用型钢作支撑架，而不用托臂的电缆桥架，支撑架的重量应按设计计算，但整套电缆桥架按总重量执行电缆桥架安装项目。定额中综合了各种连接方式，与实际不同也不允许换算。

9. 防雷接地装置

（1）定额计量单位

1）接地板制作、避雷针制作（拉线安装、独立安装的避雷针除外）均以"根"为定额计量单位；独立安装的避雷针及半导体少长针消雷装置安装以"套"为定额计量单位。

2）避雷网、均压环、避雷针引下线、接地母线安装以"10m"为定额计量单位。

3）接地跨接线、金属构件接地、金属报箍按不同管径"10 处"为定额计量单位。

（2）定额内容简介

本章包括接地极制作安装、接地母线敷设、接地跨接线安装、避雷针制作安装、消雷装置安装、避雷引下线敷设和避雷网安装等项目。

（3）定额说明

1）本章定额适用于建筑物、构筑物的防雷接地，变配电系统接地，设备接地及避雷针的接地装置

2）户外接地母线定额系按自然地坪和一般土质综合考虑的，包括地沟的挖土和夯实工作，执行定额时不再计算土方量。如遇到石方、矿碴、积水、障碍物等情况可另行计算。

3）本章定额不包括高土层电阻率地区采用换土或化学处理的接地装置及接地电阻的测定工作。

4）本章定额中，避雷针的安装、消雷装置安装均考虑了高空作业因素。

5）独立避雷针的加工制作执行本册"一般铁构件"制作定额；半导体少长针消雷装置按设计安装高度分别执行相应的定额。

6）利用钢绞线作引下线时，配管、穿钢绞线执行第十二章中同规格的相应项目。

7）防雷均压环安装定额是按利用建筑物圈梁内主筋作为防雷接地连接线考虑的，如采用单独扁钢、圆钢明敷设，作均压环时，可执行"户内接地母线敷设"

定额。

8）高层建筑屋顶防雷接地装置执行"避雷网安装"定额，电缆支架的接地线执行"户内接地母线"定额

（4）工程量计算规则

1）接地极制作安装，按材质分类有钢管、角钢、圆钢、铜（钢）板，按土质分类有普通土和坚土，每根接地极长度按 2.5m 计算，如设计有管帽时，管帽加工另行计算。

2）接地母线敷设，按设计长度及定额计量单位计算工程量，避雷线、接地母线敷设均以"延长米"计算，其长度按施工图设计水平各垂直规定长度另加 3.9%工程量附加长度（包括转弯、上下波动、避绕障碍物、搭接头所占的长度）计算，计算主材费用时应增加规定的损耗率。

3）接地跨接线按规程规定，凡需作接地跨接线的工程内容，每跨接一次按一处计算，户外配电装置构架需接地，每副构架按一处计算。

4）利用建筑物内主筋作引下线，每根柱子内按焊接两根主筋考虑，如果主筋超过两根可按比例调整。

5）断线卡子箱按设计数量计算（黑龙江省内的预算定额中，卡子在接地端子测试箱中）。

6）均压环主要考虑利用圈梁内主筋作均压环接地连线，焊接按两根主筋考虑，超过两根时可按比例调整。长度按设计需要作均压接地的圈梁中心线长度计算；如果采用明敷设的圆钢或扁钢作均压环时，应执行"户内接地母线"定额项目。其长度按设计图纸计算。

7）钢、铝门窗接地按设计规定的金属门窗数量进行计算。

8）柱子主筋与圈梁焊接，每处按两根主筋与两根圈梁钢筋分别焊接考虑，如果柱子主筋与圈梁主筋数量超过两根时，可按比例调整；需连接的柱子主筋与圈梁钢筋处数量按设计规定计算。

9）等电位末端金属管与接地导体以抱箍联结，按设计规定联结数量进行计算，其接地体根据材质及敷设方式按本定额执行。

10）等电位末端金属体绝缘导线直接连接，按设计规定的连接数量进行计算。

11）电气设备的接地线已考虑在设备安装项目中，不应重复计算。

10. 10kV 以下架空配电线路

（1）定额计量单位

1）线路器材的工地运输、人力运输以"10t"定额计量单位，汽车运输以"10t·km"为定额计量单位。

2）土石方工程以"10m³"为定额计量单位。

3）底盘、卡盘、接线盘安装以"块"为定额计量单位。

4）电杆组立项目，木干、混凝土杆组立，均以"根"为定额计量单位。

5）木撑杆、混凝土撑杆以"根"为定额计量单位，钢圈焊接以"个"为定额计量单位。

6）横担安装以"组"为定额计量单位。

7) 导线架设以"km/单线"为定额计量单位，导线跨越及进户线架设以"100m/单线"为定额计量单位。

8) 杆上变配电设备安装项目中，变压器、油开关、配电箱以"台"为定额计量单位，跌落式熔断器、避雷器、隔离开关以"组"为定额计量单位。

（2）定额内容简介

本定额主要包括电杆组立、横担安装、导线架设和杆上变配电设备安装等项目。

1) 工地运输。是指定额内未计价材料或主要材料从工地仓库或材料集中堆放地点至杆位的工地运输，分为人力运输和汽车运输两种方式。人力运输按平均运距200m以内和200m以上划分子目。汽车运输分为装卸和运输。

2) 电杆组立。混凝土杆组立综合考虑了人力、半机械化施工。木电杆组立考虑了每根电杆一个地横木，如果转角杆需要地横木或直线杆不需装地横木时，可按设计数量增加损耗计算。

3) 拉线制作安装。按每种拉线方式，分不同规格的拉线分别编制。

4) 导线架设每千米工程含量取定见表4-24。

导线架设每千米工程含量 表 4-24

项　　目	裸铝绞线	钢芯铝绞线	绝缘铝绞线
接续管（个）	1～2	1～2	4～8
平均线夹（套）	5	5	5
瓷瓶（只）	65	65	65

绑扎线按每个瓷瓶平均1.5m考虑，根据导线外径调整列入各子目中

（3）定额说明

1) 本章定额按平地施工条件考虑，如在其他条件下施工时，其人工和机械按表4-25中的规定计算。

其他地形人工和机械增加表 表 4-25

地形类型	丘陵、市区	一般山地、泥沼地带
增加率（%）	20	60

2) 地形划分的特征。

平地：地形比较平坦，地面比较干燥的地带。

丘陵：地形有起伏的矮岗、土丘等地带。

一般山地：指一般山岭或均谷地带、高原台地等。

泥沼地带：指经常积水田地或泥水淤积的地带。

3) 土质分类如下。

普通土：指种植土、黏砂土、黄土和盐碱土等，使用锹铲即可挖掘的土质。

坚土：指土质坚硬，难挖的红土、板状黏土、重块土、高岭土，必须用铁镐、条锄挖松，再用锹、铲挖掘的土质。

松砂石：指碎石、卵石和土的混合体，各种不坚实的砾岩、页岩、风化岩、节理和裂缝较多的岩石等（不需爆破方法开采的），需使用镐、撬棍、大锤、楔子等工具配合才能挖掘者。

岩石：一般指坚硬的粗花岗岩、白云岩、片麻岩、玢岩、石英岩、大理岩、石灰岩、石灰质胶结的密实砂岩的石质，不能用一般挖掘工具开挖的，必须采用打眼、爆破或打凿才能开挖者。

泥水：指坑的周围经常积水，坑的土质松散，如淤泥和沼泽地等挖掘时因水渗入和浸润而成泥浆，容易坍塌，需用挡土板和适量排水才能施工者。

流砂：指坑的土质为砂质或分层砂质，挖掘过程中砂层有上涌现象，容易坍塌，挖掘时需排水和采用挡土板才能施工者。

4）线路一次施工按5基以上电杆考虑，如在5基以内者，其全部人工费、机械费增加30%。

5）如果出现钢管杆的组立，按同高度混凝土杆组立的定额人工费、机械费增加40%，材料费不调整。

6）导线跨越架设。

①每一个跨越间距按50m以内考虑，若在50～100m之间按两处计算，依次类推。

②在同跨越间距内有多种或多次跨越物时，应接跨越物类别分别执行定额。

③跨越定额仅考虑因跨越而增加的人工、材料和机械台班，在计算架设工程量时，不扣除跨越档的长度。

7）杆上变压器安装不包括变压器的调试、抽芯、干燥工作。

（4）工程量计算规则

1）主要材料运输重量见表4-26。

主要材料运输重量表　　　　　　　　表4-26

材料名称		单　位	运输重量（kg）	备　注
混凝土制品	人工浇注	m³	2600	包括钢筋
	离心浇注	m³	2860	包括钢筋
电缆、线、材	电缆、导线	kg	$W \times 1.15$	有线盘
	钢绞线	kg	$W \times 1.07$	无线盘
木杆材料		m³	450	包括木横担
土　方		m³	1500	
块石、碎石、卵石		m³	1600	
砂		m³	1550	
水		t	$W \times 1.20$	
金具、绝缘子		kg	$W \times 1.07$	
螺　栓		kg	$W \times 1.01$	

注：1. W 为理论重量；

　　2. 未列入者均按净重量计算。

运输量计算公式如下：

工程运输量＝施工图用量×（1＋损耗率）

预算运输重量＝工程运输量＋包装物重量（不需要包装的可不计算包装物重量）

2）电杆的坡道土、石方量按每坑 $0.2m^3$ 计算。

3）施工操作裕度按拉线底盘宽每个增加 0.1m。

4）各类土质的坡度系数按表 4-27 计算。

各类土质的坡度系数　　　　　　　　　　　　　表 4-27

土　质	普通土	坚　土	松砂石	泥水、流砂、岩石
放坡系数	1：0.30	1：0.25	1：0.20	不放坡

5）杆基的土质按一个坑的主要土质而定，如一个坑大部分为普通土，少量为坚土，则该坑应全部按普通土计算。

6）带卡盘的电杆坑，因原计算尺寸不能满足卡盘尺寸，因卡盘超长所所增加的土（石）方量另计。

7）横担安装按施工图设计规定，分不同形式和截面，以"根"为单位计算，定额按单根拉线考虑，若安装 V 形、Y 形或双拼形拉线时，按 2 根计算。设计无规定时可按表 4-28 计算。

拉线长度表　　　　　　　　　　　　　　　表 4-28

项　　目		普通拉线	V（Y）形拉线	弓形拉线
杆高（m）	8	11.47	22.94	9.33
	9	12.61	25.22	10.10
	10	13.74	27.48	10.92
	11	15.10	30.20	11.82
	12	16.14	32.28	12.62
	13	18.69	37.38	13.42
	14	19.68	39.36	15.12
水平拉线		26.47		

8）导线架设，区分类型和不同截面，导线长度按线路总长度和预留长度之和计算。计算主要材料另加材料损耗率。导线预留长度按表 4-29 计算。

　　　　　　　　　　　　　　　　　　　　　　表 4-29

项　目　名　称		长　度（m）
高　压	转　角	2.5
	分支、终端	2.0
低　压	分支、终端	0.5
	交叉跳线转角	1.5
与设备连线		0.5
进户线		2.5

9）杆上变配电设备安装，定额内包括杆和钢支架及设备安装工作，但钢支架主材、引下线、线夹、金具等按设计另行计算，设备的接地线和调试应执行本册定额的相应的项目。

11. 电气调整试验

（1）定额计量单位

1）发电机、调相机系统调试，电力变压器系统调试，送配电系统调试以"系统"为定额计量单位。

2）自动投入装置调式项目中，除变送器屏、事故照明切换装置以"台"为定额计量单位外，其余以"系统"为定额计量单位。

3）特殊保护装置以"台（套）"为定额计量单位。

4）母线系统以"段"为定额计量单位，避雷器、电容器以"组"为定额计量单位。

5）独立接地装置、接地网以"系统"为定额计量单位。

6）电抗器、消弧线圈调试以"台"为定额计量单位，电除尘器以"组"为定额计量单位。

7）硅整流设备、晶闸管整流装置调试以"台（系统）"为定额计量单位。

8）普通小型直流电机，高、低压交流异步电动机调试以"台"为定额计量单位，跌落式熔断器、避雷器、隔离开关以"组"为定额计量单位。

9）一般晶闸管调速电机系统调试，以"系统"为定额单位。

10）交流变频调速电动机项目中各子目均以"系统"为定额计量单位。

11）电动机组及连锁装置调试以"组"为定额计量单位。

12）绝缘子、套管、绝缘油、电缆实验分别以"10个测试点"、"每只"、"根次"为定额。

（2）定额内容简介

本章定额包括发电机、调相机系统调试，电力变压器系统调试，送配电系统调试，特殊装置调试，自动设入系统调试，中央信号装置、事故照明切换装置、不间断电源调试，母线、避雷器、电容器、接地装置调试，电抗器、消弧线圈、电除尘器调试，硅整流设备、晶闸管整流装置、晶闸管直流调速电动机系统调试，高低压交流同步电动机、异步电动机的调试等项目。

（3）定额说明

1）本章定额包括电气设备的本体试验和主要设备的分系统调试。成套设备的整套启动调试按专业定额另行计算。主要设备的分系统内所含的电气设备元器件的本体试验已包括在该系统调试定额中，如变压器的系统调试已包括该系统中的变压器、互感器、开关、仪表和继电器等一、二次的本体调试和回路试验。绝缘子和电缆等单体试验，只在单独试验时使用，不得重复计算。

2）送配电系统调试中的1kV以下定额适用于低压供电回路，如从低压配电装置至分配电箱的供电回路，但从配电箱至电动机的配电回路已包括在电动机的系统调试定额内。送配电系统调试包括系统内电缆试验、瓷瓶耐压试验等全套试验工作。供电桥中的断路器、母线分段断路器皆作为独立的供电系统计算。如果分配电箱内只有闸刀开关，熔断器等不连合调试供电回路，则不再作调试系统计算。未设配电室的公用与民用建筑物，每设一处进户电源为一个供电系统，且必须是具备空气断路器的配电箱，方可套用一次系统调试定额。

3）定额不包括设备本身的缺陷造成的元器件的更换修理和修改，定额是按新的合格的设备考虑的，经过修、配、改或拆迁的旧设备调试，定额应作调整。

4）本定额仅限电气设备自身系统调试，未包括电气设备带动的机械设备的试运行工作，发生时应另行计算。

5）调试定额不包括试验设备、仪表的场外转移费用。

6）调试定额已包括熟悉资料、核对设备、填写试验记录、保护整定值的整定和调试报告的整理工作。

7）本定额是按现行的规范制定的，凡现行规定（定额编制时的规范）未包括的新调试项目和调试内容，均应另行计算。

8）电力变压器如有"带负荷调压装置"，调试定额基价增加12％，三相变压器、整流变压器、电炉变压器调试按同容量的电力变压器调试定额基价增加20％。3～10kV母线系统调试定额适用于低压配电装置的各种母线（包括软母线）；但不适用于动力配电箱母线，动力配电箱至电动机母线已综合考虑在电动机定额内。

（4）工程量计算规则

1）干式变压器、油浸电抗器调试，执行相应容量变压器调试定额乘以系数0.8。

2）自动投入装置及信号系统调试，均包括继电器、仪表元器件本身和二次回路的调整试验，具体规定如下：

①备用电源自动投入装置，按连锁机构的个数确定备用电源自投入的系统数。装设自投入装置的两条互为备用的线路或两台变压器，计算备用电源自投入装置调试时，应为两个系统。备用电动机自动投入装置亦按此计算。

②线路重合闸调试系统，按采用自动重合闸装置的线路自动断路器的台数计算系统数量。

③同期装置调试，按设计构成一套能完成同期并车行为的装置为一个系统计算。

④蓄电池及直流监视系统调试，一组蓄电池按一个系统调试计算。

⑤自动调频装置调试，以一个发电机为一个系统。

⑥事故照明切换系统调试按设计完成一个交直流切换的装置为一个调试系统计算。

⑦周波减负荷装置调试，凡有一个周率继电器，不论带几个回路均按一个系统计算。

⑧变送器屏，以屏的个数计算。

⑨中央信号装置调试时，按每个变电所或一个配电室为各个调试系统计算工程量。

3）接地网系统调试作如下规定：

①接地电阻测定。一般发电厂或变电站连为一体的母网，按一个系统计算；自成母网不与厂区母网相连的独立接地网，另按一个系统计算。

②建筑物避雷网，进户重复接地按每个断线卡子测试点，均按一个接地装置一个系统计算。

③避雷针接地电阻测定。每一避雷针均有单独接地网（包括独立的避雷针、烟囱避雷针等）时，按独立接地装置一个系统计算。

④独立的接地装置按组计算。如一台柱上变压器有一个接地装置时，即按接

地装置一个系统计算。

4）避雷器、电容器的调试，按每三相一组计算；单个装设的亦按一组计算，上述设备如设置在发电机、变压器及输、配电线路的系统或回路内，仍应按相应定额另外计算调试费用。

5）高压电气除尘系统调试，按一台升压变压器、一台机械整流器及附属设备为一个系统计算，分别按除尘器平方米范围执行定额。

6）硅整流装置调试，按一个硅整流装置一个系统计算。

7）普通电动机的调试，分别按电动机的控制方式、功率、电压等级，以"台"为单位计算工程量。

8）晶闸管调速直流电机调试，其调试内容包括晶闸管整流装置系统和直流电机控制回路系统两个部分调试

9）交流变频电动机调试，其调试内容包括变频装置系统和交流电动机控制系统两个部分的调试。

10）微型电机是指 0.75kW 以下的电机，不分类别一律执行微型电机综合调试定额，电机功率在 0.75kW 以上的调试应按电机类别和功率分别执行相应的调试定额

11）一般住宅、学校、办公楼、旅馆、商店等民用与公共建筑电气工程的调试应按下列规定：

①配电室内带有调试的元器件的盘、箱和带有调试的照明主配电箱，应按供电方式执行"送配电系统调试"项目。

②每个用户的配电箱（板）上虽装有电磁开关等调试元器件，但如果生产厂家已按固定的常规参数调整好，不需要安装单位进行调试就可以投入使用的，不得计取调试费用。

③民用电度表的核验属于供电部门的专业管理，一般向供电部门订购调整完毕的电度表，不得另行计算调试费用。

12. 配管、配线

（1）定额计量单位

1）电线管、钢管、防爆钢管、可挠性金属软管、刚性塑料管、半硬阻燃管敷设，不分砖混、不分明暗、不分钢结构支架配管，均以"100m"为定额计量单位；金属软管敷设以"10m"为定额计量单位。

2）瓷夹配线、塑料夹板配线、鼓形绝缘子配线及针式、蝶式绝缘子配线均以"100m"为定额计量单位。

3）木槽板、塑料槽板配线、线槽配线、塑料护套线明设均以"100m"为定额计量单位。

4）钢索架设以"100m"为定额计量单位；母线拉紧装置及钢索拉紧装置以"10套"为定额计量单位。

5）动力混凝土地面刨沟以"10m"为定额计量单。

6）接线箱、接线盒不分明、暗装均以"10个"为定额计量单位。

（2）定额内容简介

本定额包括配管、管内穿线、钢索架设、配线、车间母线安装、接线箱安装、接线盒安装等项目。

（3）定额说明

1）配管配线均未包括接线箱、盒及支架的制作与安装。钢索架设及拉紧装置制作与安装，插接式母线槽支架制作、槽架制作及配管支架制作应执行铁构件制作定额。

2）连接设备的导线预留长度按表 4-30 规定的长度计算。

导线预留长度（m/根）　　　　　　　　　　　　　　　　表 4-30

序号	项目	预留长度	说明
1	各种开关箱、柜、板	高+宽	盘面尺寸
2	单独安装（无箱、盘）的铁壳开关、闸刀开关、起动器、母线槽进出线盒等。		以安装对象中心算起
3	由地平管子出口引至动力接线箱		以管口算起
4 ·	电源与管内导线连接（管内穿线与软、硬母线接头）		以管口算起
5	出户线		以管口算起

（4）工程量计算规则

配管配线工程量计算，除按工程量计算规则计算外，还需熟悉电气施工图管路和线路的走向布置，同时了解土建施工图的立面图和剖面图，按图纸标高关系推算垂直敷设长度。

1）各种配管应区分不同的敷设方式、管材质、规格，以"延长米"为单位计算工程量，不扣除管路中的接线箱（盒）、灯头盒、开关盒所占的长度，但应扣除柜、箱、盒所占的长度。

注意： 配管工程量计算时，应熟悉各层之间的供电关系，注意引上和引下管，可按照回路编号依次计算，或按管径大小排列顺序计算。

2）管内穿线工程量，应区别线路的性质、导线材质、导线截面，以单线"延长米"为计算单位，线路分支接头已综合考虑在定额中，不另行计算。照明线路中导线截面≥6mm² 时，按动力线路管内穿线相应项目执行。多芯软导线管内穿线分别按导线相应芯数及单芯导线截面执行相应定额项目。

注意： 计算管内穿线工程量时，可以按配管长度乘以穿线根数，再将配线进入开关箱、柜、屏等的预留长度一并相加计算。

《黑龙江省建设工程预算定额》（电气分册）中的盘柜配线的程量为配入盘、箱、柜的预留长度。

3）线夹配线工程，按不同线夹材质、形式、敷设位置及导线规格，按"延长米"为计算单位。

4）绝缘子配线工程量，按绝缘子形式、敷设位置导线截面，以"延长米"为计算单位计算，绝缘子顶棚内线路引下支点至顶棚之间的长度应计算在工程量内。

5）槽板配线工程量，以槽板材质、配线位置、导线截面、形式，按"延长米"计算。

6) 塑料护套线明敷设工程量，以导线截面、导线芯数、敷设位置，以按单根塑料护套线的"延长米"计算。

7) 钢索架设，以材质直径、图示墙（柱）净长距离，按"延长米"计算，不扣除拉紧装置所占的长度。

8) 母线拉紧装置及钢索拉紧装置制作安装工程量，应区分母线截面、花篮螺栓直径计算工程量。

9) 车间带形母线安装工程量按其材质截面面积，以"延长米"计算。

10) 地面刨沟，是指电气工程正常配合主体工程后，如有设计变更，需将管路再次敷设混凝土结构内，其混凝土刨沟工程量。

11) 接线箱工程量，应区别安装形式（明装、暗装）、按接线箱的半周长以"个"为单位计算。

12) 接线盒工程量，应区别安装形式（明装、暗装、钢索上）、按接线盒的类型以"个"为单位计算。

13) 灯具、开关、插座、按钮等的预留线，已分别综合在相应的定额内，不另行计算。

13. 照明器具

(1) 定额计量单位

除安全变压器、风扇安装以"台"为定额计量单位，电铃以"套"，门铃以"10 个"为定额计量单位外，其余均以"10 套"为定额计量单位。

(2) 定额内容简介

本定额包括普通灯具安装、装饰灯具安装、荧光灯具安装、工厂灯及防水防尘灯安装、医院灯具安装以及各种开关、插座、电铃、风扇等的安装。

(3) 定额说明

1) 各类灯具的引导线，除注明者外，均已考虑在定额内，执行时不得换算。

2) 路灯、投光灯、碘钨灯、氙气灯、烟囱灯或水塔指示灯，均已考虑了一般工程的高空作业因素，其他器具安装高度如超过 5m 时，则按总说明中规定的超高系数另行计算。

3) 装饰灯具定额作为参考使用。

4) 定额内已包括摇表测量绝缘及一般灯具的试亮工作（不包括程控调光控制的灯具调试工作）。

(4) 工程量计算规则

1) 普通灯具安装，应区别灯具的种类、型号、规格，以"套"为计算单位计算其工程量。普通灯具安装适用范围见表 4-31。

2) 吊式艺术装饰灯具的工程量，应根据装饰灯具示意图集所示，区别不同装饰物以及灯体直径和灯体垂吊长度，以"套"为计算单位计算，灯体的直径为装饰物最大外缘直径，灯体垂吊长度为灯座底部到灯梢之间的总长度。

3) 吸顶艺术装饰灯具安装工程量，应根据装饰灯具示意图集所示，区别不同安装形式计算工程量。

普通灯具安装适用范围　　　　　　　　　　表 4-31

定额名称	灯具种类
圆球吸顶灯	材质为玻璃螺口、卡口圆球独立吸顶灯
半球吸顶灯	材质为玻璃的独立的半圆球吸顶灯、扁圆罩吸顶灯、平圆罩吸顶灯
方形吸顶灯	材质为玻璃的独立的矩形罩吸顶灯、方形罩吸顶灯、大口方罩吸顶灯
软线吊灯	利用软线垂吊材料，独立的，材质为玻璃、塑料、搪瓷、形状如碗伞、平盘灯罩组成的各式软线吊灯
吊链灯	利用吊链作辅助悬吊材料，独立的材质为玻璃的、塑料罩的各式吊链灯
防水吊灯	一般防水吊灯
一般弯脖灯	圆球弯脖灯、马路弯灯、风雪壁灯
一般墙壁灯	各种材质的一般壁灯、镜前灯、摇壁灯
软线吊灯头	一般吊灯头
防水灯头	一般塑胶、瓷质灯头
声光控座灯头	一般声控、光控座灯头
座灯头	一般塑胶、瓷质灯头

4）荧光艺术灯具安装工程量，应根据装饰灯具示意图集所示，区别不同安装形式计算工程量。

①组合荧光灯带的安装工程量，应根据装饰灯具示意图集所示，区别不同安装形式、灯管数量。灯具的数量与定额不符时，可以按设计数量加损耗率调整主材。

②内藏组合式灯安装工程量，应根据装饰灯具示意图集所示，区别不同安装方式，以"延长米"为单位计算工程量，灯具的数量与定额不符时，可以按设计数量加损耗率调整主材。

③发光棚安装的工程量，应根据装饰灯具示意图集所示，以"平方米"为单位，发光棚灯具按设计用量加损耗计算。

④立体广告灯箱、荧光灯沿的工程量，应根据装饰灯具示意图集所示，以"平方米"为单位，发光棚灯具按设计用量加损耗计算。

5）几何形状组合灯具安装工程量，应根据装饰灯具示意图集所示，区别不同安装形式，进行计算。

6）标志、诱导灯具安装工程量，应根据装饰灯具示意图集所示，以"套"为单位计算。

7）水下艺术灯具安装工程量，应根据装饰灯具示意图集所示，根据不同的安装形式、不同直径，以"套"为单位计算。

8）点光源艺术装饰灯具安装工程量，应根据装饰灯具示意图集所示，根据不同的安装形式、不同直径，以"套"为单位计算。

9）草坪灯具安装的工程量，应根据装饰灯具示意图集所示，根据不同的安装形式计算工程量。

10）歌舞厅灯具安装工程量，应根据装饰灯具示意图集所示，根据不同的安装形式，以"套""延长米"、"个"为单位计算。

11）装饰灯具安装定额适用范围见表 4-32。

12）荧光灯具安装工程量计算应区别安装形式、灯具种类、灯管数量，以

"套"为单位计算工程量。荧光灯安装定额适用范围见表4-33。

13) 工厂灯及防水、防尘灯安装工程量，应区别安装形式计算工程量，防水、防尘灯安装定额运用范围见表4-34。

14) 工厂其他灯具安装工程量，应区别不同灯具类型、安装方式计算。工厂其他灯具安装适用范围见表4-35。

装饰灯具安装定额适用范围表   表4-32

定额名称	灯 具 种 类
吊式艺术装饰灯具	不同材质、不同灯体垂吊长度、不同灯体直径的蜡烛灯、挂片灯、串珠灯、串棒灯、吊杆式组合灯、玻璃罩带装饰灯
吸顶式艺术装饰灯具	不同材质、不同灯体垂吊长度、不同灯体几何形状的挂碗灯、挂片灯、串珠灯、串棒灯、挂吊蝶灯、玻璃罩带装饰灯
荧光艺术装饰灯	不同安装形式、不同灯管数量的组合荧光灯带，不同几何形式的内藏组合式灯，不同几何尺寸、不同灯具形式的发光棚，不同形式的立体广告灯箱、荧光灯沿
几何状组合艺术灯	不同固定形式、不同灯具形式的繁星灯、钻石星灯、礼花灯、玻璃罩钢架组合灯、凸片灯、反射灯、筒形钢架灯、U形组合灯、弧形管组合灯
标志、诱导装饰灯	不同安装形式的标志灯、诱导灯
点光源艺术灯具	不同安装形式、不同灯体直径的的筒灯、牛眼灯、射灯、轨道灯
水下艺术装饰灯具	简易型彩灯、密封型彩灯、喷水池灯、幻光灯
草坪灯具	各种立式、墙壁式的草坪灯
歌舞厅灯具	各种安装形式的变色转盘灯、雷达射灯、幻影型彩灯、维纳斯旋转彩灯、卫星旋转效果灯、飞蝶旋转效果灯、多头转灯、滚筒灯、频闪灯、太阳灯、雨灯、歌星灯、边界灯、射灯、泡泡发生器、迷你满天星灯、迷你单立（盘彩灯）、多头宇宙灯、镜面球灯、蛇光管

荧光灯具安装应用范围   表4-33

定额名称	灯 具 种 类
组装型荧光灯	单管、双管、三管吊链式、吸顶式、现场组装荧光灯具吊链及配导线
成套型荧光灯	单管、双管、三管吊链式、吸顶式、吊管式、嵌入式成套荧光灯

防水防尘灯安装适用范围   表4-34

定额名称	灯 具 种 类
直杆工厂灯	配照（GC_1-A）、广照（GC_3-A）、深照（GC_5-A）、斜照（GC_7-A）、圆球（GC_{17}-A）、双罩（GC_{19}-A）
吊链式工厂灯	配照（GC_1-B）、广照（$GC3_5$-B）、深照（GC_5-B）、斜照（GC_7-B）、圆球（GC_{17}-B）、双罩（GC_{19}-B）
吸顶式工厂灯	配照（GC_1-C）、广照（$GC3_5$-C）、深照（GC_5-C）、斜照（GC_7-C）、双罩（GC_{19}-C）
弯杆式工厂灯	配照（GC_1-D，E）、广照（$GC3_5$-D，E）、深照（GC_5-D，E）、斜照（GC_7-D，E）、双罩（GC_{19}-C）、局部深照（GC_{26}-F）
悬挂式工厂灯	配照（GC_{21}-1，2）、深照（GC_{23}-1，2，3）
防水防尘灯	广照（GC_9-A，B，C）、广照有保护网（GC_{11}-A，B，C）、散照（$GC15_9$-A，B，C，D，E，F，G）

工厂其他灯具安装适用范围 　　　　　　　　　　　　　　　　表 4-35

定额名称	灯 具 种 类
防潮灯	扁形防潮灯（GC-31）、防潮灯（GC-33）
腰形 舱顶灯	腰形舱顶灯 CCD_2-1
碘钨气	DW 型、220V300－1000W 以内
管形氙气灯	自然冷却式 220V/380V20kW 以内
投光灯	TG_1、TG_2、TG_5、TG_7、TG_{14} 型户外投光灯
高压水银灯镇流器	外附式镇流器 125－450W
安全灯	AOB-1，2，3 和 AOB-1，2 型安全灯
防爆灯	CB_3C-200 型防爆灯
高压水银防爆灯	CB_3C-125/250 型防爆灯
防爆荧光灯	CB_3C-1，2 单、双管防爆荧光灯

15）医院灯具安装工程量，应表 4-36 计算工程量。

医院灯具安装定额适用范围 　　　　　　　　　　　　　　表 4-36

定额名称	灯 具 种 类
病房指示灯	病房指示灯、影剧院太平灯
病房暗脚灯	病房暗脚灯、建筑物暗脚灯
无影灯	3～12 孔管式无影灯

16）路灯安装工程，应区分不同臂长、不同灯数计算工程量。工厂厂区内、住宅小区内路灯安装执行本定额。市政道路的路灯执行《全国统一市政工程预算定额》，路灯安装定额适用范围见表 4-37。

路灯安装定额适用范围表 　　　　　　　　　　　　　　表 4-37

定 额 名 称	灯 具 种 类
大马路弯灯	臂长 1200mm 以下、臂长 1200mm 以上
庭院路灯	三火以上、七火以下

17）开关、按钮安装工程量计算，应区分开关、按钮安装形式，开关、按钮种类，开关极数及单控与双控，以"套"为单位计算工程量。

18）插座工程量，应区分相数、额定电流、安装形式、插座孔数以"套"为单位计算工程量。

安全变压器的工程量，应以安全变压器的容量计算工程量。

19）电铃、电铃号牌箱安装工程量，区分直径、号牌箱规格计算工程量。

20）门铃安装工程量，应区分门铃安装形式计算工程量。

21）风扇安装工程量，应区分电扇种类计算工程量。

22）盘管风机三速开关、"请勿打扰"灯、须刨插座安装工程量，以"套"为单位计算工程量。

23）卫生间吹风、自动干手器，不分型号，以"台"为单位计算工程量。

14. 电梯电气装置

（1）定额计量单位

除了电梯增加厅门、自动轿厢门及提升高度以"个"和"米"为定额计量单位外，其余项目均以"部"为定额计量单位。

（2）定额内容简介

包括交流手柄操作式按钮控制电梯电气安装，交流信号式集选控制电梯电气安装，自流快速自动控制电梯电气安装，直流高速自动控制电梯安装，小型杂物电梯电气安装和电厂专用电梯电气安装。

（3）定额说明

1）本章适用于各种客、货、病床和杂物电梯的电气装置安装，但不包括自动扶梯和观光电梯的安装。

2）电梯是按每层一门为准，增或减时，另增减厅门相应定额项目。

3）电梯安装的楼层高度，是按平均层高 4m 考虑的，如平均层高超过 4m 时，其超过部分可另按提升高度定额计算。

4）两部或两部以上可群控电梯，按相应定额基价增加 20%。

5）本定额是以室内地坪以下为地坑（下缓冲）考虑的，如遇有"区间电梯"（基站不在首层），下缓冲地坑设地中间层时，则基站以下楼层的垂直搬运应另行计算。

6）电梯安装材料、电线管及线槽、金属软管、管子配件、紧固件、电缆、电线、接线盒（箱）、荧光灯及其他附件、备件，均按设备自带考虑。

7）定额中已包适程控调试。

8）本定额不包括下列工作内容：

①电源线路及控制开关的安装。

②电动机和发电机机组的安装。

③基础型钢及钢支架的制作。

④接地极与接地干线敷设。

⑤电气调试。

⑥电梯的喷漆。

⑦轿厢内的空调、冷热风机、闭路电视、步话机、音响设备。

⑧群控集中监视系统及模拟装置。

15. 火灾自动报警系统

（1）定额计量单位

1）线形探测器安装按线形、正弦值及直线综合考虑，以"10m"为定额计量单位，其余各种探测器不分型号、安装方式与位置，均以"个"为定额计量单位。

2）输入输出模块、报警模块、消火栓接钮、手动报警按钮、气体灭火起/停按钮，以"只"为定额计量单位。

3）报警控制器、联动控制器、报警联动一体机、重复显器，不论多线制/总线制，按安装方式不同根据"点"数的不同以"台"为定额计量单位。

说明： 报警控制器—多线制的"点"是指报警控制器所带报警件（探测器、报警按钮）的数量。

总线制的"点"是指报警控制器所带有编码的报警器件（探测器、报警按钮、模块）的数量，如果一个模块带数个探测器，则只能计为一"点"。

联动控制器—多线制的"点"是指联动控制器所带联动设备的状态控制和状态显示的数量。

总线制的"点"是指联动控制器所带的控制模块（接口）的数量。

4）声光报警、警铃报警以"只为定额计量单位；扬声器按不同安装方式以"只"为定额计单位。

5）消防广播机柜、广播分配器盘、电话交换机安装以"台"为计量单位。电话分机与电话插孔以"个"和"部"为定额计量单位。

6）自动报警系统是由各种探测器、报警按钮、报警控制器组成的报警系统，根据不同的点数以"系统"为定额计量单位；水灭火系统按不同点数以"系统"为定额计量单位。

7）火灾事故广播及消防通信中的广播喇叭、音箱和消防通信的电话分机、电话播孔，安装数量以"10 只"为定额计量单位。

8）消防电梯调试以"部"为定额计量单位。

9）电动防火门、防火卷帘、正压风阀、排烟阀、防火阀调试以"10 处"为定额计量单位；一个阀为一处。

（2）定额内容简介

本章定额适用于消防自动报警系统。

（3）定额说明

1）本章包括探测器、按钮、模块（接口）、报警控制器、联动控制装置、报警联动一体机、重复显示器、警报装置、火灾事故广播、消防通信、报警备用电源安装等项目。

2）本章包括以下工作内容：

①施工准备、施工机械准备、标准仪器准备、施工安全防护设施、安装位置的清理。

②设备和箱、机元件的搬运、开箱、检查、清点、杂物回收、安装就位、接地、密封箱、机内校线、接线、挂锡、编码、测试、清洗、记录整理等。

3）本章定额均包括了校线、接线和本体调试。

4）本章定额中的箱、机是以成套装置编制的；柜式及琴台式安装均执行落地安装相应项目。

5）本章不包括以下工作内容：

①设备的支架、基础、底座的制作安装。

②构件加工、制作。

③电机检查接线及调试。

④事故照明及疏散指示控制装置安装。

（4）工程量计算规则

1）点形探测器按线制的不同分为多线制与总线制，不分安装方式与位置，以"只"为计算单位。探测器安装包括了探头和底座的安装及本体调试。

2）红外线探测器是成对使用的，在计算时，一对为两只，定额中包括了探头支架安装和探测器的调试。

3）火焰探测器、可燃气体探测器按线制的不同分为多线制与总线制两种，计算时不分规格型号与位置，以"只"为单位计算，探测器安装包括了探头和底座的安装及本体调试。

4）线形探测器的安装方式按环绕、正弦及直线综合考虑，不分线制与保护形式，以"m"为单位计算，定额中未包括探测器连接的一只模块和终端，其工程量应按相应的定额另行计算。

5）按钮包括消火栓按钮、手动报警按钮、气体起/停按钮，按照在轻质墙体和硬质墙体上安装两种方式综合考虑，执行时不得因安装方式不同而调整。

6）控制模块（接口）是指仅能起控制作用的模块（接口），亦称为中继器，依据其给出的信号的数量，分为单输出和多输出两种形式。执行时不分安装方式，只按照输出数量，以"只"为单位计算工程量。

7）报警模块（接口）不起控制作用，只能起监视、报警作用，执行时，不分安装方式计算其工程量。

8）联动控制器按线制不同分为多线制与总线制两种，其中又按安装方式不同分为壁挂式和落地式。在不同的线制和安装方式中，按"点"数不同划分定额项目。

9）报警联动一体机按线制的不同分为多线制与总线制，其中又按安装方式不同分为壁挂式和落地式。在不同的线制和安装方式中按照"点"数量确定定额项目。

10）重复显示器（楼层显示器）不分规格、型号及安装方式，按总线制与多线制划分，分别计算工程量。

11）报警装置分为声光报警和警铃报警两种形式，应分别计算工程量。

12）远程控制器按其控制回路数，计算工程量。

13）火灾事故广播中的功放机、录音机的安装，按柜内及台上两种方式综合考虑；功放机应按功率分别计算工程量。

14）消防广播控制柜是指安装成套的消防广播设备的成品柜，计算工程量不分规格。

15）火灾事故广播中的扬声器不分规格型号，按照吸顶式与壁挂式分别计算工程量。

16）广播分配器是指单独安装的消防广播用分配器（操作盘），工程量按设计图纸计算。

17）消防通信交换机按"门"数不同分别计算工程量；通信分机、插孔是指消防专用电话分机与电话插孔，按设计图纸计算工程量。

18）报警备用电源综合考虑了规格型号；正压送风阀综合考虑了规格、型号。

19）正压送风阀、排烟阀、防火阀检查接线，按设计图纸计算工程量。

16. 消防电气系统调试

（1）定额计量单位

1）自动报警装置调试以"系统"为定额计量单位。

2）广播音箱、通信分机及插孔以"10只"或"10个"为计量单位。

3）电动防火门、防火卷帘门、正压送风阀、排烟阀、防火阀调试以"10处"为计量单位。

（2）定额说明

本章包括自动报警系统装置调试、火灾事故广播、消防通信、消防电梯系统装置调试及电动防火门、防火卷帘门、正压送风阀、排烟阀、防火阀控制系统装置调试等项目。

（3）工程量计算规则

同火灾报警系统安装工程量计算规则。

任务三　学习电气工程量清单项目设置及工程量计算规则

【引导问题】

1. 工程量清单项目工程量计算规则有哪些要求？
2. 工程量清单的计量单位及有效数字是如何规定的？
3. 编制工程量清单要注意哪些事项？

【任务目标】

掌握电气安装工程工程项目设置及工程量计算规则，针对某一具体的建筑电气工程，编制工程量清单及按工程量清单计价方式进行工程造价编制。

一、工程量清单项目设置与工程量计算规则

电气安装工程量清单项目设置包括强电和弱电的工程量清单项目名称、项目编码、工程内容。工程量计算时，按设计图纸以实际数量计算，不考虑长度的预留及安装时的损耗。

二、相关问题的处理

（1）"电气安装工程"适用于10kV以下变配电设备及线路的安装。

（2）挖土、填土应按土建工程项目编码列项。

（3）电机按其质量划分为大、中、小型，详见"定额部分说明"。

（4）控制开关包括：自动空气开关、刀形开关、铁壳开关、胶盖闸刀开关、组合控制开关、万能转换开关、漏电保护开关等。

（5）小型电器包括：按钮、照明用开关、插座、电笛、电风扇、水位电气信号装置、测量表、继电器、电磁锁、屏上辅助设备、辅助电压互感器、小型安全变压器等。

（6）普通灯具及其他灯具包括：圆球吸顶灯、半球吸顶灯、方形吸顶灯、软线吊灯、吊链灯、防水吊灯、一般墙壁灯。

（7）工厂灯包括：工厂罩灯、防水灯、防尘灯、防潮灯、碘钨灯、投光灯、混光灯、高度标志灯、密闭灯。

（8）装饰灯具包括：吊式艺术装饰灯具、吸顶式艺术装饰灯具、荧光艺术装饰灯、几何状组合灯具、艺术灯标志、诱导装饰灯、点光源艺术灯具、水下艺术装饰灯具、草坪灯具、歌舞厅灯具。

(9) 医疗专用灯包括：病房指示灯、病房暗脚灯、紫外线杀菌灯、无影灯。

三、计量单位及有效数字

(1) 以重量计算的项目，单位为"吨"，"千克"，保留 3 位小数。

(2) 以长度计算的项目，单位为"米"，保留 2 位小数。

(3) 以自然计量单位的项目，单位是"项"，如防雷系统单位是"项"、"组"、"套"、"块"，并取整。

四、编制工程量清单注意事项

(1) 项目名称与《建设工程工程量清单计价规范》（GB 50500—2008）相符。

(2) 分部分项工程列工作内容叙述要全面准确。

(3) 工程量计算准确。

五、工程项目设置及工程量计算规则

(1) 变压器安装、工程量清单项目设置及工程计算规则见表 4-38。

表 4-38

变压器安装（编码 030201）

项目编码	项目名称	项目特征	计量单位	工程量计算规则	工程内容
030201001	油浸式电力变压器	1. 名称 2. 型号 3. 容量（kV·A）	台	按设计图示计算数量	1. 基础型钢制作安装 2. 本体安装 3. 油过滤 4. 干燥 5. 网门制作及铁构件制作安装 6. 刷油、喷漆
030201002	干式变压器				1. 基础型钢制作安装 2. 本体安装 3. 干燥 4. 端子箱（汇控箱） 5. 刷油、喷漆
030201003	整流变压器	1. 名称 2. 型号 3. 规格 4. 容量（kV·A）			1. 基础型钢制作安装 2. 本体安装 3. 油过滤 4. 干燥 5. 网门制作及铁构件制作安装 6. 刷油、喷漆
030201004	自耦式变压器				
030201005	带负荷调压变压器				
030201006	电炉变压器	1. 名称 2. 型号 3. 容量（kV·A）			1. 基础型钢制作安装 2. 本体安装 3. 刷油漆
030201007	消弧线圈				1. 基础型钢制作安装 2. 本体安装 3. 油过滤 4. 干燥 5. 刷油漆

(2) 配电装置安装、工程量清单项目设置及工程计算规则见表 4-39 和表 4-40。

配电装置安装（编码 030202）　　　　　　　　　　表 4-39

项目编码	项目名称	项目特征	计量单位	工程量计算规则	工程内容
30202001	油断路器	1. 名称 2. 型号 3. 容量（A）	台	按设计图示计算数量	1. 本体安装 2. 油过滤 3. 支架制作基础型钢制作安装 4. 刷油漆
030202002	真空断路器				1. 本体安装 2. 支架制作基础型钢制作安装 3. 刷油漆
030202003	SF$_6$ 断路器				
030202004	空气断路器				
030202005	真空接触器				
060202006	隔离开关	1. 名称、型号 2. 容量（A）	组		1. 支架制作、安装 2. 本体安装 3. 刷油喷漆
060202007	负荷开关				
030202008	互感器	1. 名称 2. 型号 3. 类型	台		1. 安装 2. 干燥
030202009	高压熔断器	1. 名称、型号 2. 规格	组		安装
030202010	避雷器	1. 名称、型号 2. 规格 3. 电压等级			
030202011	干式电抗器	1. 名称、型号 2. 规格 3. 质量			1. 本体安装 2. 干燥
030202012	油浸式电抗器	1. 名称 2. 型号 3. 容量（kV·A）	台		1. 本体安装 2. 油过滤 3. 干燥
030202013	移相及串联电容器	1. 名称、型号 2. 规格 3. 质量			安装
030202014	集合式并联电容器				
030202015	并联补偿电容器组架	1. 名称、型号 2. 规格 3. 结构	个		安装
030202016	交流滤波装置组架	1. 名称、型号 2. 规格 3. 回路			
030202017	高压成套配电柜	1. 名称、型号 2. 规格 3. 母线设置方式 4. 回路容量	台		1. 基础槽钢安装 2. 柜本体安装 3. 支持绝缘子穿墙套管耐压实验及安装 4. 穿通板制作及安装 5. 母线桥安装 6. 刷油漆
030202018	组合成套箱式变电站				1. 安装 2. 干燥
0030202019	环网柜	1. 名称、型号 2. 容量（kV·A）			1. 基础浇筑 2. 箱体安装 3. 进箱母线安装 4. 刷油漆

（3）母线安装、工程量清单项目设置及工程计算规则见表 4-40。

配母线安装（编码 030203） 表 4-40

项目编码	项目名称	项目特征	计量单位	工程量计算规则	工程内容
030203001	软母线安装	1. 型号 2. 规格 3. 数量（组/三相）	m	按设计图纸尺寸以单线长度计算	1. 绝缘子耐压实验及安装 2. 软母线安装 3. 跳线安装
030203002	组合软母线	1. 型号 2. 规格 3. 数量（组/三相）			1. 绝缘子耐压实验及安装 2. 软母线安装 3. 跳线安装 4. 两端铁构件制作、安装及支持瓶安装 5. 刷油
030203003	带形母线	1. 名称 2. 型号 3. 材质			1. 支持绝缘子、穿墙套管耐压实验及安装 2. 穿通板制作安装 3. 母线安装 4. 母线桥安装及支持瓶安装 5. 引下线安装 6. 伸缩节安装 7. 过滤板安装 8. 刷分相漆
030203004	槽形母线安装	1. 型号 2. 规格			1. 母线制作安装 2. 与发电机变压器连接 3. 与断路器、隔离开关连接 4. 刷分相漆
030203005	共箱母线	1. 型号 2. 规格		按图纸尺寸以长度计算	1. 安装 2. 进出分线箱安装 3. 刷分相漆
030203006	低压封闭式插接母线槽	1. 规格 2. 容量（A）			
030203007	重型母线	1. 规格 2. 容量（A）	t	按图纸尺寸以质量计算	1. 母线制作安装 2. 伸缩器、导板的制作安装 3. 支持绝缘子安装 4. 铁构件制作、安装

（4）控制设备及低压电器安装、工程量清单项目设置及工程计算规则见表 4-41和表4-42。

控制设备及低压电器安装（编码030204）　　　　　　　　表 4-41

项目编码	项目名称	项目特征	计量单位	工程量计算规则	工程内容
030204001	控制屏				1. 基础槽钢制作安装 2. 屏安装 3. 端子板安装 4. 焊压接线端子 5. 盘柜配线 6. 小母线安装 7. 边屏安装
030204002	继电、信号屏				
030204003	模拟屏				
030204004	低压开关柜	1. 名称、型号 2. 规格	台		1. 基础槽钢制作安装 2. 柜安装 3. 端子板安装 4. 焊压接线端子 5. 盘柜配线 6. 边屏安装
030204005	配电（电）屏				
030204006	弱电控制返回屏			按设计图示数量计算	1. 基础槽钢制作安装 2. 屏安装 3. 端子板安装 4. 焊压接线端子 5. 盘柜配线 6. 小母线安装 7. 边屏安装
030204007	箱式配电室	1. 名称、型号 2. 规格 3. 质量	套		1. 基础槽钢制作安装 2. 本体安装
030204008	硅整流柜	1. 名称、型号 2. 容量（A）			1. 基础槽钢制作安装 2. 盘柜安装
030204009	晶闸管柜	1. 名称、型号 2. 容量（kW）			
030204010	低压电容器柜	1. 名称、型号 2. 规格	台		1. 基础槽钢制作安装 2. 屏（柜）安装 3. 端子板安装 4. 焊压接线端子 5. 盘柜配线 6. 小母线安装 7. 边屏安装
030204011	自动调节励磁屏				
030204012	励磁灭磁屏				
030204013	蓄电池屏柜				
030204014	直流馈电屏				
060204015	事故照明切换屏				

控制设备及低压电器安装（编码030204）　　　　表 4-42

项目编码	项目名称	项目特征	计量单位	工程量计算规则	工程内容
030204016	控制台	1. 名称、型号 2. 规格	台		1. 基础槽钢制作安装 2. 盘柜安装 3. 端子板安装 4. 焊压接线端子 5. 盘柜配线 6. 小母线安装
030204017	控制箱				1. 基础槽钢制作安装 2. 箱体安装
030204018	配电箱				
030204019	控制开关	1. 名称、型号 2. 规格	个		
030204020	低压熔断器	1. 名称型号 2. 规格			
030204021	限位开关				
030204022	控制器			按设计图示数量计算	
030204023	接触器				
030204024	磁力起动器				
030204025	Y—△自耦减压起动器				
030204026	电磁铁（电磁制动器）		台		1. 安装 2. 焊端子
030204027	快速自动开关				
030204028	电阻器				
030204029	油浸频率变阻器				
030204030	分流器	1. 名称、型号 2. 容量（A）			
030204031	小电器	1. 名称、型号 2. 规格	个（套）		

（5）蓄电池安装。工程量清单项目设置及工程计算规则见表 4-43。

蓄电池安装（编码 030205） 表 4-43

项目编码	项目名称	项目特征	计量单位	工程量计算规则	工程内容
030205001	蓄电池安装	1. 名称、型号 2. 容量	个	按设计图示数量计算	1. 防震支架制作安装 2. 本体安装 3. 充放电

（6）电机检查接线及调试。工程量清单项目设置及工程计算规则见表 4-44。

电机检查接线及调试（编码 030206） 表 4-44

项目编码	项目名称	项目特征	计量单位	工程量计算规则	工程内容
030206001	发电机	1. 型号 2. 容量（kW）	台	按设计图示数量计算	1. 检查接线（包括接地） 2. 干燥 3. 调试
030206002	调相机				
030206003	普通小型直流电动机	1. 名称、型号 2. 容量（kW） 3. 类型			
030206004	晶闸管调速直流电动机				
030206005	普通交流同步电动机	1. 名称 2. 容量（kW） 3. 起动方式			
030206006	低压交流异步电动机	1. 名称、型号类别 2. 控制保护方式			1. 检查接线（包括接地） 2. 干燥 3. 系统调试
030206007	高压交流异步电动机	1. 名称、型号 2. 容量（kW） 3. 保护类型			
030206008	交流变频调速电动机	1. 名称、型号 2. 容量（kW）			
030206009	微型电机、电加热器	1. 名称、型号 2. 容量（kW）			
030206010	电动机组	1. 名称、型号 2. 电动机台数 3. 连锁台数	组		
030206011	备用励磁机组	名称、型号			
030206012	励磁电阻器	1. 名称、型号 2. 规格（kW）	台	按设计图示计算	1. 安装 2. 检查接线（包括接地） 3. 干燥

（7）滑触线装置安装。工程量清单项目设置及工程计算规则见表 4-45

滑触线装置安装（编码 030207）　　　　　　　　　表 4-45

项目编码	项目名称	项目特征	计量单位	工程量计算规则	工程内容
030207001	滑触线	1. 名称 2. 型号 3. 规格 4. 材质	m	按设计图示单相长度计算	1. 滑触线制作、安装、刷漆 2. 滑触线安装 3. 拉紧装置及挂式支持器制作安装

（8）电缆安装。工程量清单项目设置及工程计算规则见表 4-46。

电缆安装（编码 030208）　　　　　　　　　表 4-46

项目编码	项目名称	项目特征	计量单位	工程量计算规则	工程内容
030208001	电力电缆	1. 型号 2. 规格 3. 敷设方式	m	按设计图示尺寸以长度计算	1. 揭（盖）板 2. 电缆敷设 3. 电缆头制作、安装 4. 过路保护管敷设 5. 防火堵洞 6. 电缆防护 7. 电缆防火隔板 8. 电缆防火涂料
030208002	控制电缆				
030208003	电缆保护管	1. 规格 2. 材质			保护管敷设
030208004	电缆桥架	1. 型号、规格 2. 材质 3. 类型			1. 制作、除锈、刷漆 2. 安装
030208005	电缆支架	1. 名称、型号、类别 2. 控制保护方式			

（9）防雷及接地装置。工程量清单项目设置及工程计算规则见表 4-47。

防雷及接地装置（编码 030209）　　　　　　　表 4-47

项目编码	项目名称	项目特征	计量单位	工程量计算规则	工程内容
030209001	接地装置	1. 接地母线材质、规格 2. 接地极材质、规格	项	按设计图示尺寸以长度计算	1. 接地极（板）制作、安装 2. 接地母线敷设 3. 换土或化学处理 4. 接地跨接线 5. 构架接地
030209002	防雷装置	1. 受雷体名称材质、规格、技术要求（安装部位） 2. 引下线材质、规格、技术要求（引下线形式） 3. 接地板材质、规格、技术要求 4. 接地母线材质、规格、技术要求 5. 均压环材质、规格、技术要求		按设计图示数量计算	1. 避雷针（网）制作安装 2. 引下线敷设、断线卡子制作安装 3. 拉线制作安装 4. 接地极（板桩）制作、安装 5. 极间连线 6. 涂刷油漆（防腐） 7. 换土或化学处理 8. 钢铝窗接地 9. 均压环敷设 10. 柱主筋与圈梁焊接
030209003	消雷装置	1. 型号 2. 高度	套		安装

（10）10kV 以下架空线路。工程量清单项目设置及工程计算规则见表 4-48。

10kV 以下架空线路（编码 030210）　　　　　　　表 4-48

项目编码	项目名称	项目特征	计量单位	工程量计算规则	工程内容
030210001	电杆组立	1. 材质 2. 规格 3. 类型 4. 地形	根	按设计图示数量计算	1. 工地运输 2. 土（石）方挖填 3. 底盘、拉线盘、卡盘安装 4. 木电杆防腐 5. 电杆组立 6. 横担安装 7. 拉线制作、安装
030210002	导线架设	1. 型号（材质） 2. 规格 3. 地形	km	按设计图示尺寸以长度计算	1. 导线架设 2. 导线跨越及进户线的架设 3. 进户横担

（11）电气调整试验。工程量清单项目设置及工程计算规则见表 4-49。

电气调整试验（编码 030211）　　　　表 4-49

项目编码	项目名称	项目特征	计量单位	工程量计算规则	工程内容
030211001	电力变压器系统	1. 型号 2. 容量（kV·A）	系统	按设计图示数量计算	系统调试
030211002	送配电系统调试	1. 型号 2. 电压等级（kV）			
030211003	特殊保护装置				
030211004	自动投入装置		套		
030211005	中央信号装置、事故照明切换装置、不间断电源	类型	系统	按设计图示系统计算	调试
030211006	母线	电压等级	段	按设计图示数量计算	
030211007	避雷器、电容器		组		
030211008	接地装置	类别	系统	按设计图示系统计算	接地电阻测试
030211009	电抗器、消弧线圈、电除尘器	1. 名称、型号 2. 规格	台	按设计图示数量计算	调试
030211010	硅整流设备、晶闸管整流装置	1. 名称、型号 2. 电流（A）			

（12）配管、配线。工程量清单项目设置及工程计算规则见表 4-50。

配管、配线（编码 030212）　　　　表 4-50

项目编码	项目名称	项目特征	计量单位	工程量计算规则	工程内容
030212001	电气配管	1. 名称 2. 材质 3. 规格 4. 配置形式和部位	m	按设计图示尺寸以延长米计算，不扣除管路中间的接线箱（盒）、灯头盒、开关盒所占的长度	1. 挖沟槽 2. 钢索架设（拉紧装置安装） 3. 支架制作安装 4. 电线管路敷设 5. 接线盒（箱）安装、灯头盒、开关盒、插座盒安装 6. 刷防腐油漆 7. 接地
030212002	线槽	1. 材质 2. 规格		按设计图示尺寸以延长米计算	1. 安装 2. 油漆
030212003	电气配线	1. 配线形式 2. 导线型号、材质、规格 3. 敷设部位或线制		按设计图示数量计算	1. 支持体（夹板、绝缘子、槽板）安装 2. 支架制作安装 3. 钢索架设（拉紧装置）安装 4. 配线 5. 管内穿线

（13）照明器具安装。工程量清单项目设置及工程计算规则见表 4-51。

照明器具安装（编码 030213）　　　　　　表 4-51

项目编码	项目名称	项目特征	计量单位	工程量计算规则	工程内容
030213001	普通吸顶灯具及其他灯具安装	1. 名称、型号 2. 规格	套	按设计图示数量计算	1. 支架制作安装 2. 组装 3. 油漆
030213002	工厂灯	1. 名称、型号 2. 规格 3. 安装形式及高度			1. 支架制作安装 2. 安装 3. 油漆
030213003	装饰灯	1. 名称 2. 型号 3. 规格 4. 安装高度			1. 支架制作安装 2. 安装
030213004	荧光灯	1. 名称 2. 型号 3. 规格 4. 安装形式			安装
030213005	医疗专用灯	1. 名称 2. 型号 3. 规格			
030213006	一般路灯	1. 名称 2. 型号 3. 灯杆材质及高度 4. 灯架形式及臂长 5. 灯杆形式（单、双）			1. 基础制作、安装 2. 立灯杆 3. 基座安装 4. 灯架安装 5. 引下线支架安装 6. 焊压接线端子 7. 铁构件制作、安装 8. 除锈、刷漆 9. 灯杆编号 10. 接地
030213007	广场灯	1. 杆材质及高度 2. 灯架的形式 3. 灯头数量 4. 基础形式及规格			1. 基础浇筑（包括土石方） 2. 立灯杆 3. 杆座安装 4. 灯架安装 5. 引下线支架安装 6. 焊压接线端子 7. 铁构件制作、安装 8. 除锈、刷漆 9. 灯杆编号 10. 接地

续表

项目编码	项目名称	项目特征	计量单位	工程量计算规则	工程内容
030213008	高杆灯	1. 灯杆材质及高度 2. 灯架的型式（成套组装、固定或升降式） 3. 灯头数量 4. 基础形式及规格	套		1. 基础浇筑（包括土石方） 2. 立灯杆 3. 灯架安装 4. 引下线支架安装 5. 焊压接线端子 6. 铁构件制作、安装 7. 除锈、刷漆 8. 灯杆编号 9. 升降机构接线调试 10. 接地
030213009	桥栏杆灯	1. 名称 2. 型号 3. 规格 4. 安装高度			1. 支架制作安装 2. 安装
030213010	地道涵洞灯	1. 名称 2. 型号 3. 规格 4. 安装形式			1. 支架、铁构件制作、安装 2. 灯具安装

（14）火灾自动报警系统。见表 4-52。

火灾自动报警系统（编码 030705）　　　　　　　　表 4-52

项目编码	项目名称	项目特征	计量单位	工程量计算规则	工程内容
030705001	点型探测器	1. 名称 2. 多线制 3. 总线制 4. 类型	只		1. 探头安装 2. 底座安装 3. 校接线 4. 探测器调试
030705002	线型探测器	安装方式	m		1. 探测器安装 2. 控制模块安装 3. 报警终端安装 4. 校接线 5. 系统调试
030705003	按钮	规格	只	按设计图示数量计算	1. 安装 2. 校接线 3. 调试
030705004	模块（接口）	1. 名称 2. 输出方式			1. 安装 2. 调试
030705005	报警控制器	1. 多线制 2. 总线制 3. 安装方式 4. 控制点数	台		1. 本体安装 2. 消防报警备用电源 3. 校接线 4. 调试
030705006	联动控制器				
030705007	报警联动一体机				

项目编码	项目名称	项目特征	计量单位	工程量计算规则	工程内容
030705008	重复显示器	1. 多线制 2. 总线制	台	按设计图示数量计算	1. 安装 2. 调试
030705009	报警装置	形式			
030705010	远程控制器	控制回路			

（15）消防系统调试。工程量清单项目设置及工程计算规则下表 4-53。

消防系统调试（编码 030706）　　　　　　表 4-53

项目编码	项目名称	项目特征	计量单位	工程量计算规则	工程内容
030706001	自动报警装置调式	点数	系统	按设计图示数量计算（探测器、报警按钮、报警控制器组成的报警系统）；点数按多线制、总线制报警器的点数计算	系统装置调试
030706002	水灭火系统控制装置调试			按设计图示数量计算（消火栓、自动喷水、卤代烷、二氧化碳等灭火系统组成的灭火装置）；点数按多线制、总线制报警器的点数计算）。	
030706003	防火装置控制系统调试	1. 名称 2. 类型	处	按设计图示数量计算（包括电动防火门、防火卷帘门、正压送风阀、防火控制阀）	
030706004	气体灭火系统装置调试	试验容器规格	个	按调试、检验和验收所消耗的试验容器计算总数	1. 模拟喷气试验 2. 备用灭火器贮存容器切换操作试验

具体内容详见《建设工程工量清单计价规范》（GB 50500—2008）。

六、工程量清单计价的工程费用计算程序（见任务二费用定额）。

实训一　模拟项目施工图预算编制

【要求】

按定额计价方式编制模拟项目施工图预算。

【工程量计算方法】

（1）配电箱按安装方式不同以"台"为单位，计算数量。

（2）电缆保管：区分不同规格以"米"为单位，计算数量。

$$管长＝水平长度＋垂直长度$$

（3）电力电缆：区分不同规格、型号及敷设方式，以"米"为单位。

$$电缆长度＝线路长度＋定额预留长度$$

（4）配管配线。配管配线的工程量计算有以下两种方式。

第一种方式：按图示的比例及尺寸进行计算，这种方法，适用于线路走向严格按轴向敷设形式。但电气工程的配管，除明敷设部分有规则走向，暗敷设的线路，通常是有电气连接关系的装置之间的最短路线（避绕除外），这种路径很难按轴距来计算。

第二种方式：按图示路径测量计量法。这种方法是测量有电气连接关系的装置（器具）之间的线路的长度，按图纸的比例进行换算。

$$线管长度＝水平＋垂直$$

水平长度按两个图形符号中心距计量，垂直长度按图纸说明的层高与装置（器具）安装高度进行计算；不扣除线路中的接线箱、接线盒、灯具所占的长度。

（5）管内穿线为：

$$线长＝管长×管内导线根数＋箱内预留长度$$

管内穿线按不同规格导线分别计算，不考虑灯位、接线盒、插座处的预留，定额中已考虑了接线头的长度。

（6）焊（压）接线端子数量＝回路数×相同规格导线根数

（7）照明器具：

$$工程量＝平面图计算的照明器具数量$$

（8）接线盒：接线盒的位置和数量在平面图中通常是不标注的，可按下述的规则进行计算：

1）安装电器部位应设接线盒。

2）线路分支处或导线变径处设接线盒。

3）水平线路遇下列情况设接线盒：

①管子长度每超过 30m，无弯曲。

②管子长度每超过 20m，有 1 个弯曲。

③管子长度超过 15m，有 2 个弯曲。

④管子长度超过 8m，有 3 个弯曲。

4）垂直敷设的管路遇下列情况，应设固定用导线拉线盒：

①导线截面 50mm² 以及长度超过 30m。

②导线截面 70～95mm²，长度超过 20m。

③导线截面 120～240mm²，长度超过 18m。

④管子长度超过 8m，有 3 个弯曲。

⑤管子通过变形缝进入的应设接线盒作补偿装置。

【照明工程工程量计量图示解释】

照明工程引下管部分工程量计算示意图见图 4-4。接线盒位置透视图见图 4-5。

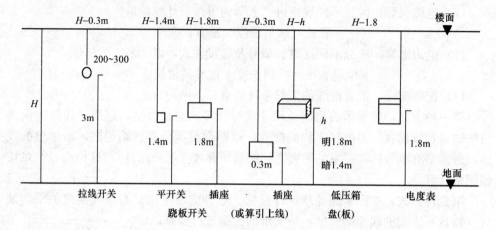

图 4-4 照明工程引下管部分工程量计算示意图

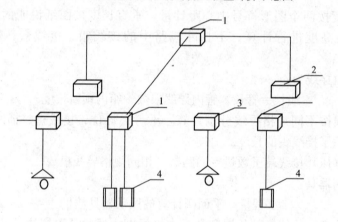

图 4-5 接线盒位置透视图

1—接线盒；2—开关盒；3—灯头盒；4—插座盒

【划分与排列分项工程项目】

（1）电力配电箱安装（落地式）。

（2）不间断电源安装（实际为厂家负责安装与调试）。

（3）悬挂式照明配电箱安装。

（4）电缆保护管敷设 DN70、DN50。

（5）电缆线敷设。

（6）动力配管焊接管。

（7）动力管内穿线。

（8）电动机查接线。

（9）焊（压）接线端子。

（10）接地极制作安装。

（11）接地母线安装。

（12）配电系统调试。

（13）不间断电源调试。

（14）接地系统调试。

（15）照明配管 FPC。

（16）照明器具防水防尘灯具安装。

（17）座灯头安装。

（18）吸顶灯安装。

（19）双管荧光灯安装。

（20）插座安装。

（21）单联单控开关安装。

（22）双联单控开关安装。

（23）接线盒安装。

（24）开关盒安装。

【模拟项目工程量计算】

一、配电箱及动力配管配线

（1）落地式安装 APD-1（总配电箱）、APD-2（应急电源）、APD-3（消防变频控制箱）

（2）悬挂式配电箱区分半周长计算数量

APD-1、AP1-4 半周长：（400＋600）mm＝1000mm，计 2 台。

ALD、AL1 半周长：（320＋320）mm＝640mm，计 2 台。

AL2 半周长：（320＋460）mm＝780mm，计 1 台。

（3）电缆保护管＝墙体内长度＋出内墙长度＋户外部分。

$DN70$＝［0.05（出墙内壁）＋0.74（一层墙体厚）＋1.0（建筑物墙外缘）］m＝1.790m≈1.8m 预留部分管 $DN50$≈1.8m

（4）电力缆敷设。

电缆的长度＝（水平＋垂直）×（1＋2.5%）＋预留长度

VV223×50＋2×25＝［70m（电缆线路长度）＋2m（进入建筑物预留长度设备用房进线一处）］×（1＋2.5%弧度）＋1.5m（变电所出线）＋1.5m（进、出电缆沟）×2（一进、一出）＋1.5m（电缆头制作预留长度）×2（两端）＋2m（进柜）＝83.3m。

（5）按系统图装置的连接关系计算工程量。

APD-1 工程量（四条回路）

W1——AP1-1 线路 BV-5×10SC40

$DN40$ 管＝3m（地下室层高）＋1.5m（一层配电箱距地面 1.5m）＝4.5m。

BV-10mm²＝管长×导线根数＋箱体内预留＝4.5×5 根＋［（0.6＋2.2）（APD-1 半周长）＋（0.4＋0.6）（AP1-1 半周长）］5 根＝41.5m

说明：上式中的［］号内为导线在箱体内的预留长度。

10mm² 焊端子＝5（回路的导线根数）×2（两侧：APD-1 和 AP1-1）

W2——APD-2 BV（3×35＋2×25）SC50

$DN50$ 管=0.6m(两箱的间距)+0.2m(基础高 0.1m、埋深 0.1m)×2(一进一出)=1m

BV-35mm^2=1m(管长)×3(根)+[(0.6+2.2)+(0.6+2.2)]×3 根(两个落地配电箱半周长)=19.8m

BV-35mm^{2}端子=3(根)×2(端)=6 个

BV-25mm^2=[1m+(0.6+2.2)×2 台]×2(线)=13.2m

BV-25mm^{2}端子=2(根)×2(端)=4 个

W3 备用回路　无工程量

W4——至 AL1 BV-3×10 FPC32

FPC32=0.2m(由 APD-1 至地面下)+4.5m(水平至②墙)+3m(地下室层高)+1.5m(AL1 距地面 1.5m)=9.2m

BV10mm^2=[9.2+(0.6+2.2)+(0.32+0.32)(AL1 半周长)]m×3 线=37.92m

BV-10mm^{2}端子=3×2(2 个配电箱一箱一端)=6 个

W5 为备用回路。

AP1-1——APD-5 变频设备 450×600×200(一层)BV5×10 SC40

$DN40$=2.5m(两箱间水平间距)+(0.1+1.5)m×2(下返、上返)
　　　　=5.7m

BV-10mm^2={5.7+[(0.4+0.6)+(0.45+0.6)](两箱半周长)}m×5 线
　　　　　　=38.75m

BV-10mm^{2}端子=5×2(端)=10 个

另一条回路为备用回路。

APD-2 工程量(共 6 条回路)

W1、W2——APD-3 消防泵控制箱(泵厂家自带)BV(3×25+1×16)SC40

$DN40$=两箱间距+箱基础高度+埋管深度=1m+(0.1+0.1)×2m(一进一出)
　　　　=1.4m

BV-25mm^2=[1.4(管长)+(1.0+2.2)(APD-2 半周长)+(0.6+2.2)(APD-3 半周长)]m×3 根=22.2m

BV-25mm^2 端子：3×2=6 个。

BV-16mm^2=[1.4(管长)+(1.0+2.2)(APD-2 半周长)+(0.6+2.2)(APD-3 半周长)]m×1 根=7.4m

BV-16mm^2 端子：1×2=2 个

W3——APD-4(悬挂式安装 400×600×200)BV4×2.5 SC20

$DN20$ 管=(0.1+0.1)m(APD-3 返至地面下)+0.6m(箱体水平间距)+0.1m(出地面)+1.5m(APD-4 距地面高度)=2.4m

BV-2.5mm^2={2.4+[(1+2.2)+(0.4+0.6)](APD-2、APD-4 半周长)}m×4 根=26.4m

W4、W5——两台污水泵 BV-4×1.5 SC 20 FC。

$DN20$ 管=[(0.1+0.1)+5(至污水泵 1 水平段)]m+[(0.1+0.1)+5.5(至污

水泵 2 水平段)]m+(0.1+0.5)m(出地面至电机)×2 台=12.1m

　　BV-1.5mm²=[12.1+(1+2.2)+0.5(电机预留)]m×4 线=63.2m

　　W6——ALD(320×320×100 地下室照明配电箱)BV3×6 SC25

　　$DN25$ 管=(1.5+0.1)m(从 APD-2 引至地下并埋深 0.1m)+2.8m(两箱水平距离)+(0.1+1.5)m(从地面至 ALD)=6m

　　BV-6mm²=[6+(1+2.2)+(0.32+0.32)]m×3 线=29.52m

　　APD-3——消防泵 BV(3×25+1×16)SC40

　　$DN40$ 管=(0.1m+0.1m)(钢管从配电箱 APD-3 引出基础 0.1m 进入地面 0.1m)+7m(APD-3 至消防泵 1#)+(0.1m+0.5m)(按出地面 0.5m 计)+(0.1m+0.1m)(钢管从配电箱 APD-3 引出基础 0.1m 进入地面 0.1m)+6m(APD-3 至消防泵 2#)+(0.1m+0.5m)(按出地面 0.5m 计)=14.6m

　　BV-25mm²=[14.6+(0.6+2.2)(箱体半周长)+0.5(电机预留)]m×3 线
　　　　　　=53.7m

　　BV-25mm²端子=3×2(两端)=6 个

　　BV-16mm²=[14.6+(0.6+2.2)(箱体半周长)+0.5(电机预留)]m×1 线
　　　　　　=17.9m

　　BV-16mm²端子=1×2(两端)=2 个

　　APD-4——消防补水泵 BV4×2.5 SC20

　　$DN20$ 管=[1.5m+0.1m(1.5m 是 APD-4 底边距地 1.5m；0.1m 钢管埋深)]×2(台)+(7.2+6)m(两台泵水平部分管长)+(0.5+0.1)m×2 台(电机出口距地面 0.5m，线管埋深 0.1m)=17.6m

　　BV-2.5mm²={17.6+[(0.4+0.6)(APD-4 半周长)+0.5(电机预留)]×2 台电机}m×4 线=78.4mm

　　APD-5 450×600×200——变频给水设备 BV 4×10SC32

　　$DN32$ 管=(0.1+1.5)m(自箱引下至地面下 0.1m)×3(台电机)+(4.5+4.2+4)m(3 台电机与箱体的水平距离)=17.5m。

　　BV-10mm²={17.5+[(0.45+0.6)+0.5]×3(台电机)}m×4 线
　　　　　　=88.6m。

　　BV-10mm²端子=8 个。

　　AL1——AL2BV3×10 FPC32。

　　FPC32 管=3m(一层与二层配电箱垂直管长度)+8.6m(二层水平段)=11.6m。

　　BV-10mm²={11.6+[(0.32+0.32)+(0.32+0.46)](两配电箱半周长)}
　　　　　　　　m×3 线=39.06m。

　　BV-10mm²端子=6 个。

二、接地装置

接地极 2 根

接地母线—40×4 镀锌扁钢=(水平长度+垂直长度)×(1+3.9%)=[(2.5+

6)＋(3－1)(地下室 3m，接地母线室外地下 1m)]m×(1＋3.9％)＝10.9m

三、照明平面图部分

地下室照明平面图(电施 D-09)

ALD——W1—灯具

FPC15＝[3.5(两防水灯间距)＋2(防水灯至开关水平长度)＋(3－1.3)(开关部分)]/(4 根线)＋[7.5(半圆吸顶灯引水平部分)＋1.5(缓台)]/(3 根线)＋[(3－1.5－0.32)(自箱引至顶棚)＋(3.1＋3.5×2 处＋4)(防水灯间水平长度)＋2.3(防水灯至半园灯)＋9(防水灯至座灯头)]m/(2 根线)＝(7.2＋9＋26.58)m＝42.78m

BV2.5mm²＝7.2×4 线＋9×3 线＋[26.58＋(0.32＋0.32)(箱体内预留)]×2 线＝110.24m

一层照明(电施 D-10)

FPC15＝{[2.8＋(3－1.3)](防水灯~开关)＋(1＋3)(楼梯间半圆吸顶灯~地下室引来)}m/3 根线＋[28.5(水平)＋(3－1.3)×2 开关＋(3－1.5－0.32)(AL1 至顶棚垂直管段)]m/2 根线＝(8.5＋33.08)m＝41.58m

BV2.5mm²＝{8.5×3 线＋[33.08＋(0.32＋0.32)]×2 线＝(25.5＋67.44)m＝92.94m。

二层照明(电施 D-11)

与一层配电回路的计算方法相同。

W1——FPC15＝8.3m/3 线＋22.28m/2 线＝30.58m。

BV2.5mm²＝(8.3×3 线)m＋[22.28＋(0.32＋0.32)(箱半周长)]m×2 线＝70.74m。

W2——FPC15＝3.5m/3 线＋13.28m/2 线＝16.78m

BV2.5mm²＝3.5m×3 线＋[13.28＋(0.32＋0.32)(箱半周长)]m×2 线＝38.34m

W3——插座

FPC15＝21m(水平段之和)＋(1.5＋0.1)m(配电箱引下至埋深 0.1m)＋(0.1＋0.3)m×7 处(垂直上下返)＝25.4m

BV2.5mm²＝[25.4＋(0.32＋0.32)]m×3 线＝78.12m

照明器具工程量（见工程量汇总表）。

【工程量汇总表】

模拟项目工程量汇总表见表 4-54。

模拟项目工程量汇总表　　　　　　　　表 4-54

序号	工作内容	规　格	单位	数量	计　算　式
1	配电箱安装 APD-1、APD-4	400×600	台	2	
2	配电箱安装 ALD、AL1	320×320	台	2	
3	配电箱安装 AL2	320×460	台	1	

续表

序号	工作内容	规格	单位	数量	计 算 式
4	电缆保护管	$DN70$	m	1.8	
5	电缆敷设	VV223×0+2×25	m	83.3	
6	电缆沟挖填		m³	33.07	$(70+2+1.5)×0.45$ $=33.07m^3$
7	电缆保护管	$DN50$	m	2.8	1.8+1=2.8m
8	动和配管	$DN40$	m	26.2	$4.5+5.7+1.4+14.6$ $=26.2m$
9	动力配管	$DN32$	m	17.5	17.5m
10	动力配管	$DN25$	m	6	6m
11	动力配管	$DN20$	m	32.1	$2.4+12.1+17.6$ $=32.1m$
12	动力配管	FPC32	m	20.8	9.2+11.6=20.8m
13	照明配管	FPC15	m	157.12	$42.78+41.58+30.58+$ $16.78+25.4=157.12m$
14	动力管内穿线	BV-35mm²	m	19.8	19.8m
15	接线端子	BV-35mm²	个	6	6个
16	动力管内穿线	BV-25mm²	m	89.1	$13.2+22.2+53.7$ $=89.1m$
17	接线端子	BV-25mm²	个	16	4+6+6=16个
18	动力管内穿线	BV-16mm²	m	25.3	7.4+17.9=25.3m
19	接线端子	BV-16mm²	个	4	2+2=4个
20	动力管内穿线	BV-10mm²	m	246	$41.5+37.92+38.75+$ $88.6+39.06=245.83m$
21	接线端子	BV-10mm²	个	40	10+6+10+8+6=40个
22	动力管内穿线	BV-6mm²	m	29.52	29.52
23	动力管内穿线	BV-2.5mm²	m	104.8	26.4+78.4=104.8m
24	动力管内穿线	BV-1.5mm²	m	63.2	63.2
25	照明管内穿	BV2.5mm²	m	389.88	$110.24+92.44+70.74$ $+38.34+78.12=389.88$
26	接地母线	—40×4	m	10.9	
27	接地极	50×50×5	根	2	
28	电机查接线	1.5kW	台	2	
29	防水防尘灯		套	8	5+3=8套

序号	工作内容	规 格	单位	数量	计 算 式
30	半圆吸顶灯		套	4	
31	双管荧光灯		套	6	
32	安全插座		套	4	
33	单联单控开关		套	5	
34	双联单控开关		套	2	
35	三联单控开关		套	1	
36	接线盒		套	23	
37	开关盒		套	12	

说明：消防水泵 30kW；气压补水泵 5.5kW 为变频电机，由厂家负责安装及调试，此项费用不计取。

【施工图预算编制说明】

一、工程概况

本工程为某工业园区设备用房工程，施工时间为 2008 年 4 月 15 日～2008 年 6 月 29 日。房屋结构为砖混结构，每层层高按 3m 计算。

二、预算书编制依据

(1) 定额项目划分，依据施工图纸及《黑龙江省建设工程预算定额》（电气上、下册）进行划分与排列。

(2) 工程量计算，依据施工图纸及技术规范、施工方法。

(3) 主要材料价格，依据 2009 年 5 月《工程造价信息》，一部分材料依据市场调查价格。

(4) 工程费用计算依据《黑龙江省建筑安装工程费用定额》HLJD—FY—2007，人工费根据相关文件按 43.00 元进行调整。

三、其他说明事项

配电箱、变频控制装置购置费不属于建筑安装工程造价，均未包括在本施工图预算中。

变频电机调试及应急电源调试按厂家负责调试考虑，施工单位配合，所以按 20％计取定额项目费。

四、未尽事宜

本工程在施工过程中如果遇有临时发生的情况，结算时一并调整。

建筑安装工程预（结）算书，包括单位工程费用计算表、工程预算计价表、主要材料用量统计表见表 4-55～表 4-58。

建筑安装工程预（结）算书　　　　　　　　　　　　　　表 4-55

工程名称：模拟设备用房电气工程

工程造价：（大写）：肆万柒仟零叁拾玖元捌角叁分

　　　　　（小写）：47039.83 元

建设单位：　　　　监理单位：　　　　　　　　施工单位：×××建筑公司

负责人：　　　　　负责人：　　　　　　　　　负责人：

审核人：　　　　　审核人：　　　　　　　　　审核人：

2008 年 6 月 30 日

单位工程费用计算表　　　　　　　　　　　　　　表 4-56

工程名称：模拟设备用房电气安装工程

代号	费 用 名 称	计 算 式	金额/元
（一）	定额项目费	按（概）预算定额计算的项目基价之和	31 715.97
（A）	其中：人工费	Σ工日消耗量×人工单价（35.05 元/工日）	11 080.92
（二）	一般措施费	（A）×2.65%	293.63
（三）	企业管理费	（A）×24%	2 659.42
（四）	利润	（A）×50%	5 540.46
（五）	其他	（1）＋（2）＋（3）＋（4）＋（5）＋（6）＋（7）	2 513.36
（1）	人工费价差	人工费信息价格与本定额人工费标准 35.05 元/工日的差定额人工费/35.05×（43－35.05）	2 513.36
（2）	材料价差	材料实际价格（或信息价格、差价系数）与省定额中材料价格的（±）差价	
（3）	机械费价差	机械费实际价格（或信息价格、差价系数）与省定额中机械费的（±）差价	
（4）	材料购置费	根据实际情况确定	
（5）	预留金	［（一）＋（二）＋（三）＋（四）］×%	
（6）	总承包服务（管理）费	分包专业工程的（定额项目费＋一般措施费＋企业管理费＋利润）×%或材料购置费×%	
（7）	零星工作费	根据实际情况确定	
（六）	安全生产措施费	（8）＋（9）＋（10）＋（11）＋（12）＋（13）＋（14）	871.55
（8）	环境保护费　文明施工费	［（一）＋（二）＋（三）＋（四）＋（五）］×0.3%	128.17

代号	费 用 名 称	计 算 式	金额/元
(9)	安全施工费	［（一）＋（二）＋（三）＋（四）＋（五）］×0.23%	98.26
(10)	临时设施费	［（一）＋（二）＋（三）＋（四）＋（五）］×1.4%	598.12
(11)	防护用品等费用	［（一）＋（二）＋（三）＋（四）＋（五）］×0.11%	47
(12)	垂直防护架	实际搭设面积×规定标准 367.83	
(13)	垂直封闭防护	实际搭设面积×规定标准	
(14)	水平防护架	水平投影面积×规定标准 1664.33	
（七）	规费	(15)＋(16)＋(17)＋(18)＋(19)＋(20)	1 881.08
(15)	危险作业意外伤害保险费	［（一）＋（二）＋（三）＋（四）＋（五）］×0.11%	47
(16)	工程定额测定费	［（一）＋（二）＋（三）＋（四）＋（五）］×0.1%	42.72
(17)	社会保险费	①＋②＋③＋④	1 535.02
①	养老保险费	［（一）＋（二）＋（三）＋（四）＋（五）］×2.99%	1 277.41
②	失业保险费	［（一）＋（二）＋（三）＋（四）＋（五）］×0.19%	81.17
③	医疗保险费	［（一）＋（二）＋（三）＋（四）＋（五）］×0.4%	170.89
④	生育保险费	［（一）＋（二）＋（三）＋（四）＋（五）］×0.013%	5.55
(18)	工伤保险费	［（一）＋（二）＋（三）＋（四）＋（五）］×0.11%	47
(19)	住房公积金	［（一）＋（二）＋（三）＋（四）＋（五）］×0.43%	183.71
(20)	工程排污费	［（一）＋（二）＋（三）＋（四）＋（五）］×0.06%	25.63
（八）	税金	［（一）＋（二）＋（三）＋（四）＋（五）＋（六）＋（七）］×3.44%	1 564.36
（九）	单位工程费用	（一）＋（二）＋（三）＋（四）＋（五）＋（六）＋（七）＋（八）	47 039.83
	合计金额大写	肆万柒仟零叁拾肆元零玖分	47 039.83

表 4-57

工程预算计价表

工程名称：模拟设备用房电气安装工程

序号	定额	分部分项工程名称	工程量		价值/元		其中/元					
			计量单位	数量	定额基价	总价	人工费		材料费		机械费	
							单价	金额	单价	金额	单价	金额
		动力系统				14 392.33		10 237.65		1 698.1		2 456.62
1	D4-5	配电（电源）屏安装底压开关柜	台	2	275.16	550.32	165.79	331.58	41.76	83.52	67.61	135.22
2	D4-1	控制屏安装	台	1	281.4	281.4	166.14	166.14	47.65	47.65	67.61	67.61
3	04-29	成套配电箱安装悬挂嵌入式半周长 1.0m	台	5	95.28	476.4	63.09	315.45	32.19	160.95		
4	D12-40	钢管敷设砖、混凝土结构暗配钢管公称口径 70mm 以内	100m	0.018	1 162.19	20.92	808.6	14.55	247.19	4.45	106.4	1.92
	主材	镀锌钢管 DN70	m	1.854	25.34	46.98			25.34	46.98		
5	D12-39	钢管敷设砖、混凝土结构暗配钢管公称口径 50mm 以内	100m	0.028	799.09	22.37	557.3	15.6	161.29	4.52	80.5	2.25
	主材	钢管 DN50	m	2.884	18.61	53.67			18.61	53.67		
6	De-105×j1.3	铜芯电力电缆敷设截面 120mm² 以下	100m	0.833	834.2	694.89	577.31	480.9	193.28	161	63.61	52.99
	主材	铜芯电力电缆 VV22 3×50＋2×25	m	84.133	106.57	8966.05			106.57	8 966.05		
7	D8-1	电缆沟挖填一般土沟	m³	33.07	18.23	602.87	18.23	602.87				
8	D8-152×j1.2	热缩式电力电缆中间头制作、安装 1kV 以下截面 120mm² 以下	个	2	247.01	494.02	90.01	180.02	157	314		
	主材	热缩式电缆中间接头 35-400mm²	套	2.040	35.10	71.60			35.10	71.60		
9	D12-38	钢管敷设砖、混凝土结构暗配钢管公称口径 40mm 以内	100m	0.262	727	190.47	522.6	136.92	123.9	32.46	80.5	21.09
	主材	镀锌钢管 DN40	m	26.986	14.65	395.34			14.65	395.34		

续表

序号	定额	分部分项工程名称	工程量		价值/元			其中/元					
			计量单位	数量	定额基价	总价	人工费		材料费		机械费		
							单价	金额	单价	金额	单价	金额	
10	D12-37	钢管敷设砖、混凝土结构暗配钢管公称口径32mm以内	100m	0.175	475.9	83.28	325.61	56.98	89.06	15.59	61.23	10.72	
	主材	镀锌钢管 DN32	m	18.025	11.95	215.40			11.95	215.40			
11	D12-36	钢管敷设砖、混凝土结构暗配钢管公称口径25mm以内	100m	0.06	437.24	26.23	305.99	18.36	70.02	4.2	61.23	3.67	
	主材	镀锌钢管 DN25	m	6.180	9.25	57.17			9.25	57.17			
12	D12-35	钢管敷设砖、混凝土结构暗配钢管公称口径20mm以内	100m	0.321	343.49	110.26	252.36	81.01	48.5	15.57	42.63	13.68	
	主材	镀锌钢管 DN20	m	33.063	6.23	205.98			6.23	205.98			
13	D12-172	半硬质阻燃管埋地敷设公称直径32mm以内	100m	0.208	513.11	106.73	512.78	106.66	0.33	0.07			
	主材	半硬质塑料管 FPC32	m	22.048	6.11	134.71			6.11	134.71			
14	D12-230	管内穿线动力线路（铜芯）导线截面35mm²以内	100m单线	0.198	67.85	13.43	50.82	10.06	17.03	3.37			
	主材	铜芯绝缘导线 BV35mm²	m	20.790	17.73	368.61			17.73	368.61			
15	D12-229	管内穿线动力线路（铜芯）导线截面25mm²以内	100m单线	0.891	64.47	57.44	48.02	42.79	16.45	14.66			
	主材	铜芯绝缘导线 BV25mm²	m	93.555	12.75	1192.83			12.75	1 192.83			
16	D12-228	管内穿线动力线路（铜芯）导线截面16mm²以内	100m单线	0.253	53.06	13.42	38.56	9.76	14.5	3.67			
	主材	铜芯绝缘导线 BV16mm²	m	26.565	8.21	218.10			8.21	218.10			

续表

序号	定额	分部分项工程名称	工程量		价值/元		人工费		其中/元			
			计量单位	数量	定额基价	总价	单价	金额	材料费		机械费	
									单价	金额	单价	金额
17	D12-227	管内穿线动力线路（铜芯）导线截面10mm²以内	100m单线	2.458	47.61	117.03	33.3	81.85	14.31	35.17		
	主材	铜芯绝缘导线 BV10mm²	m	258.090	5.10	1 316.26			5.10	1 316.26		
18	D12-226	管内穿线动力线路（铜芯）导线截面6mm²以内	100m单线	0.295	40.28	11.88	28.04	8.27	12.24	3.61		
	主材	铜芯绝缘导线 BV6mm²	m	30.975	3.03	93.85			3.03	93.85		
19	D12-224	管内穿线动力线路（铜芯）导线截面2.5mm²以内	100m单线	1.048	34.86	36.53	24.54	25.72	10.32	10.82		
	主材	铜芯绝缘导线 BV2.5mm²	m.	110.040	1.29	141.95			1.29	141.95		
20	D12-223	管内穿线动力线路（铜芯）导线截面1.5mm²以内	100m单线	0.632	34.01	21.49	24.18	15.28	9.83	6.21		
	主材	铜芯绝缘导线 BV1.5mm²	m	66.360	0.80	53.09			0.80	53.09		
21	D4-103	压铜接线端子导线截面35mm²以内	10个	2.2	72.36	159.19	23.13	50.89	49.23	108.31		
22	D4-102	压铜接线端子导线截面16mm²以内	10个	4.4	52.43	230.69	15.42	67.85	37.01	162.84		
23	D6-14	小型交流异步电机检查、接线30kW以下	台	2	207.06	414.12	140.55	281.1	46.05	92.1	20.46	40.92
	主材	金属软管接头 Φ40	套	4.080	6.00	24.48			6.00	24.48		
	主材	金属软管 Φ40	m	2.500	3.50	8.75			3.50	8.75		
24	L6-13	小型交流异步电机检查、接线13kW以下	台	2	137.48	274.96	89.73	179.46	32.79	65.58	14.96	29.92
	三材	金属软管接头 Φ25	套	4.080	5.00	20.40			5.00	20.40		

续表

序号	定额号	分部分项工程名称	工程量		价值/元		其中/元					
			计量单位	数量	定额基价	总价	人工费 单价	人工费 金额	材料费 单价	材料费 金额	机械费 单价	机械费 金额
25	主材	金属软管 Φ25	m	2.500	3.00	7.50			3.00	7.50		
	D6-12	小型交流异步电动机检查、接线 3kW以下	台	3	76.82	230.46	46.97	140.91	18.25	54.75	11.6	34.8
	主材	金属软管活接头 Φ25	套	6.120	5.00	30.60			5.00	30.60		
	主材	金属软管 Φ25	m	3.750	3.00	11.25			3.00	11.25		
26	D9-3	角钢接地极制作、安装普通土	根	2	40.73	81.46	16.82	33.64	1.99	3.98	21.92	43.84
27		镀锌角 50×5	kg	39.58	3.9	154.36			3.9	154.36		
28	D9-10	户外接地母线敷设截面 200mm²以内	10m	1.09	112.99	123.16	106.9	116.52	1.22	1.33	4.87	5.31
29		扁钢—40×4	kg	11.45	3.93	45			3.93	45		
30	D11-12	送配电装置系统调试 1kV以下交流供电（综合）	系统	1	404.98	404.98	350.5	350.5	4.64	4.64	49.84	49.84
31	D11-39×j0.2	不间断电源调试容量 100kVA以下	套	1	976.94	976.94	841.2	841.2	11.15	11.15	124.59	124.59
32	D11-92	低压笼型电动机机刀 开关控制	台	2	186.37	372.74	140.2	280.4	1.86	3.72	44.31	88.62
33	D11-108×j0.2	交流同步电动机变频调速 200kW以下	系统	7	974.37	6820.59	722.03	5054.21	9.57	66.99	242.77	1699.39
34	D11-48	独立接地装置调试 6根接地极以内	系统	1	172.3	172.3	140.2	140.2	1.86	1.86	30.24	30.24
		照明系统				1 399.03		843.27		555.75		
35	D12-157	半硬质阻燃暗敷设砖、混凝土结构暗配公称口径 15mm以下	100m	1.517	264.73	401.6	234.13	355.18	30.6	46.42		
	主材	半硬塑料管 FVC15	m	160.802	2.47	397.18			2.47	397.18		
	主材	套接管	m	1.411	3.12	4.40			3.12	4.40		
36	D12-198	管内穿线照明线路（铜芯）导线截面 2.5mm²以内	100m 单线	3.899	48.3	188.32	35.05	136.66	13.25	51.66		

续表

序号	定额	分部分项工程名称	工程量		价值/元		其中/元					
			计量单位	数量	定额基价	总价	人工费		材料费		机械费	
							单价	金额	单价	金额	单价	金额
37	主材	绝缘导线 BV2.5mm	m	452.284	1.29	583.45			1.29	583.45		
	D13-221	工厂罩灯安装吊链式	10套	0.8	102.36	81.89	72.2	57.76	30.16	24.13		
	主材	防水防尘套灯具	套	8.080	80.00	646.40			80.00	646.40		
38	D13-1	圆球吸顶灯安装灯罩直径250mm以内	10套	0.4	138.16	55.26	75.71	30.28	62.45	24.98		
	主材	吸顶灯成套灯具	套	4.040	35.00	141.40			35.00	141.40		
39	D13-209	荧光灯具安装成套型吊链式双管	10套	0.6	174.05	104.43	95.69	57.41	78.36	47.02		
	主材	双管荧光灯成套灯具	套	6.060	50.00	303.00			50.00	303.00		
40	D13-293	单相暗插座 15A5孔	10套	0.4	45.48	18.19	38.56	15.42	6.92	2.77		
	主材	成套插座	套	4.080	20.00	81.60			20.00	81.60		
41	D13-260	扳式暗开关（单控）单联	10套	0.5	32.49	16.25	29.79	14.9	2.7	1.35		
	主材	单联照明开关	个	5.100	10.00	51.00			10.00	51.00		
42	D13-261	扳式暗开关（单控）双联	10套	0.2	34.55	6.91	31.19	6.24	3.36	0.67		
	主材	双联照明开关	个	2.040	12.00	24.48			12.00	24.48		
43	D13-262	扳式暗开关（单控）三联	10套	0.1	36.62	3.66	32.6	3.26	4.02	0.4		
	主材	照明开关	个	1.020	14.00	14.28			14.00	14.28		
44	D12-403	暗装接线盒安装	10个	2.3	25.3	58.19	15.77	36.27	9.53	21.92		
	主材	接线盒	个	23.460	1.20	28.15			1.20	28.15		
45	D12-404	暗装开关盒安装	10个	1.2	21.23	25.48	16.82	20.18	4.41	5.29		
	主材	开关盒	个	12.240	1.20	14.69			1.20	14.69		
46	t1001	脚手架塔拆费（电气 第一篇）	%	10 971.2	0.04	438.85	0.01	109.71	0.03	329.14		

合计：直接费：31715.97　　人：11080.92　　材：2253.85　　机：2456.62　　主材：15924.61

主要材料用量统计表

工程名称：模拟设备用房电气安装工程 　　　　　　　　　　　　　　　　表 4-58

序号	材料名称	计量单位	数量	金额/元 单价	金额/元 合价	备注
1	半硬塑料管 FPC32	m	22.05	6.11	134.71	
2	半硬塑料管 FVC15	m	160.8	2.47	397.18	
3	成套插座	套	4.08	20	81.6	
4	单联照明开关	个	5.1	10	51	
5	镀锌钢管 $DN20$	m	33.06	6.23	205.98	
6	镀锌钢管 $DN25$	m	6.18	9.25	57.17	
7	镀锌钢管 $DN32$	m	18.03	11.95	215.4	
8	镀锌钢管 $DN40$	m	26.99	14.65	395.34	
9	镀锌钢管 $DN70$	m	1.85	25.34	46.98	
10	防水防尘成套灯具	套	8.08	80	646.4	
11	钢管 $DN50$	m	2.88	18.61	53.67	
12	接线盒	个	23.46	1.2	28.15	
13	金属软管 $\Phi25$	m	6.25	3	18.75	
14	金属软管 $\Phi40$	m	2.5	3.5	8.75	
15	金属软管活接头 $\Phi25$	套	10.2	5	51	
16	金属软管活接头 $\Phi40$	套	4.08	6	24.48	
17	绝缘导线 BV2.5mm	m	452.28	1.29	583.45	
18	开关盒	个	12.24	1.2	14.69	
19	控制屏	台	1			
20	配电（电源）屏	台	2			
21	配电箱	台	5			
22	热缩式电缆中间接头 35—400mm^2	套	2.04	35.1	71.6	
23	双管荧光灯成套灯具	套	6.06	50	303	
24	双联照明开关	个	2.04	12	24.48	
25	套接管	m	1.41	3.12	4.4	
26	铜芯电力电缆 VV22 3×50＋2×25	m	84.13	106.57	8 966.05	
27	铜芯绝缘导线 BV1.5mm^2	m	66.36	0.8	53.09	
28	铜芯绝缘导线 BV10mm^2	m	258.09	5.1	1 316.26	
29	铜芯绝缘导线 BV16mm^2	m	26.57	8.21	218.1	
30	铜芯绝缘导线 BV2.5mm^2	m	110.04	1.29	141.95	
31	铜芯绝缘导线 BV25mm^2	m	93.56	12.75	1 192.83	
32	铜芯绝缘导线 BV35mm^2	m	20.79	17.73	368.61	
33	铜芯绝缘导线 BV6mm^2	m	30.98	3.03	93.85	
34	吸顶灯成套灯具	套	4.04	35	141.4	
35	照明开关	个	1.02	14	14.28	
	合　计		1 515.24		15 924.61	

实训二　模拟项目工程量清单编制

【工程量清单编制】

模拟项目工程量清单编制表包括：分部分项工程量清单、分部分项工程量清单与计价表、工程量清单综合单价分析表，见表 4-59～表 4-63。

工 程 量 清 单 表 4-59

招　　标　　人：___工业园区建设中心___（单位盖章）

法 定 代 表 人：_____（签字盖章）

编制人及证号：_____（签字并盖执业专用章）

编 制 单 位：__××工程造价咨询事务所__（单位盖章）

编 制 日 期：___2009 年 1 月 20 日___

填 表 须 知

（1）工程量清单及其计价格式中所有要求签字、盖章的地方，必须由规定的单位和人员签字、盖章。

（2）工程量清单及其计价格式中的任何内容不得随意删除或涂改。

（3）工程量清单格式中列明的所有的需投标人填写的单价和合价，投标人应填报，未填报的单价和合价，视为此项目已包含在工程量清单的其他单价和合价中。

（4）金额（价格）应以人民币（元）表示。

总 说 明

（1）工程名称：设备用房电气安装工程。

（2）本工程建筑面积：261.6m²，为利用原有建筑改造。

（3）计划开工日期 2008 年 4 月 15 日～2008 年 6 月 30 日。

（4）工程招标部分：从厂区变电亭引至设备用房的电缆、设备用房中的电气设备安装调试、动力管线、照明器具安装、接地装置。

分部分项工程量清单 表 4-60

序号	项目编码	项目名称及工作内容	计量单位	工程数量
	0302	动力照明部分		
1	030204018001	落地式动力配电箱安装（APD1、APD-3） 工作内容：基础槽钢制作安装、盘柜配线、压接线端子	台	2

序号	项目编码	项目名称及工作内容	计量单位	工程数量
2	030204018002	动力（APD-4AP1-1）/照明配电箱安装（ALD、AL1、AL2）安装 工作内容：挖孔洞，压接线端子、盘柜配线	台	
3	030204003001	控制屏安装（APD-3） 工作内容：基础槽钢制作安装、盘柜配线、压接线端子	台	1
4	030204013001	不间断电源安装（APD-2） 工作内容：基础槽钢制作安装、盘柜配线、压接线端子	台	1
5	030204031001	小电器安装 工作内容：单联单控开关	套	5
6	030204031002	小电器安装 工作内容：双联单控开关	套	2
7	030204031003	小电器安装 工作内容：三联单控开关	套	1
8	030204031004	插座安装 工作内容：安全插座安装	套	4
9	030206006001	电动机检查接线及调试 30kW 工作内容：电机检查接线、调试	台	2
10	030206006002	电动机检查接线及调试 5.5kW 工作内容：电机检查接线、调试	台	2
11	030206006003	电动机检查接线及调试 2.2kW 3 台；1.5kW 2 台 工作内容：电机检查接线、调试	台	4
12	030208001001	电力电缆敷设 VV223×50＋2×25 工作内容：挖填缆沟、铺砂盖板、电缆头制作安装，进户保护管制作安装 DN70、DN50	m	70
13	030209001001	接地装置安装 工作内容：接地极制作镀锌角钢 50×5，2 根接地母线安装镀锌－40×4 扁钢 8.5m，接地端子测试箱 1 台	项	1
14	030211001001	送配电系统调试	系统	5
15	030212001001	动力配管镀锌钢管 DN32 工作内容：挖沟槽、线管敷设、接地	m	17.50
16	030212001002	动力配管镀锌钢管 DN25 工作内容：挖沟槽、线管敷设、接地	m	6
17	030212001003	动力配管镀锌钢管 DN20 工作内容：挖沟槽、线管敷设、接地	m	32.40
	0302	动力照明部分		
18	030212001003	动力配管镀锌焊接管 DN40	m	26.2
19	030212001003	动力回路 FPC32 工作内容：挖沟槽、线管敷设。	m	20.80

续表

序号	项目编码	项目名称及工作内容	计量单位	工程数量
20	030212001003	照明回路FPC15 工作内容：挖沟槽、线管敷设、接线盒、开关盒、插座盒安装	m	157.12
21	030212003001	电气配线 BV-35mm² 工作内容：管内穿线	m	3.00
22	030212003002	电气配线 BV-25mm² 工作内容：管内穿线	m	61.00
23	030212003003	电气配线 BV-16mm² 工作内容：管内穿线	m	16.00
24	030212003004	电气配线 BV-10mm² 工作内容：管内穿线	m	160.90
25	030212003005	电气配线 BV-6mm² 工作内容：管内穿线	m	18.00
26	030212003006	电气配线 BV-2.5mm²其中动力80m 照明336.64m 工作内容：管内穿线	m	416.64
27	030212003007	电气配线 BV-1.5mm² 工作内容：动力管内穿线	m	48.4
28	030213001001	半圆吸顶灯安装 工作内容：灯具安装	套	4
29	030213004001	双管荧光灯安装	套	12
30	030213002001	防水座灯头安装	套	6
31	030213002002	防水防尘灯具安装	套	8

分部分项工程量清单与计价表　　　　　表 4-61

工程名称：　　　　标段：　　　　第 1 页　　　　　　共 1 页

序号	项目编码	项目名称	项目特征描述	计量单位	工程量	综合单价	合价	其中：暂估价
1	030208001001	电力电缆敷设 VV223×50+2×25	1. 挖填缆沟 2. 铺砂盖板 3. 电缆头制作安装 4. 进户保护管制作安装	m	70	174.96	12 247.32	
2	030212001003	照明回路配管	1. 挖沟槽 2. 线管敷设 3. 接线盒 4. 开关盒 5. 插座盒安装	m	153.66	8.59	1 319.86	
			本页小计				13 567.18	
			合　计					

注：根据建设部、财政部发布的《建筑安装工程费用组成》（建标〔2003〕206号）的规定，计取规费等

工程量清单综合单价分析表（一）

表 4-62

工程名称：模拟项目 　　　标段：　　　第 1 页　　　共 2 页

项目编码	030208001001	项目名称	电力电缆敷设	计量单位	m

清单综合单价组成明细

定额编号	定额名称	定额单位	数量	单价/元				合价/元			
				人工费	材料费	机械费	管理费和利润	人工费	材料费	机械费	管理费和利润
8-105j 1.3	铜芯电力电缆敷设截面50mm²以下	100m	0.7	577.31	193.28	63.61	427.21	404.12	135.3	44.53	299.05
主材	铜芯电力电缆 vv223×50+2×25	m	70	—	128.09	—	—		8 966.05	—	—
8-1	电缆沟的挖填一般土沟	m³	34.12	18.23	—	—	13.49	622.06	—	—	13.49
8-152j1.2	热缩式电力电缆中间头制作、安装 1kV 以下截面，50mm²以下	个	2	90.01	157.00	—	66.61	180.02	314		133.22
主材	热缩式电缆中间接头 35～400mm²	套	2.04	—	35.1	—	—		71.6	—	—
12-40	钢管敷设 砖、混凝土结构暗配钢管公称直径70mm以内	100m	0.015	808.6	247.19	106.4	598.36	12.13	3.71	1.6	8.98
主材	镀锌钢管 DN70	m	1.545	—	25.34	—	—		39.15	—	—
8-14	铺砂盖保护板	100m	0.7	143	1 177.2	—	105.82	100.1	823.91	—	74.07
人工单价		小　计						1 318.43	10 353.72	46.13	528.81
元/工日		未计价材料费									
清单项目综合单价								174.96			

	主要材料名称、规格、型号	单位	数量	单价（元）	合价（元）	暂估单价（元）	暂估合价（元）
材料费明细							
	其他材料费			—		—	
	材料费小计			—		—	

注：1. 如不使用省级或行业建设主管部门发布的计价依据，可不填定额项目、编号等；
　　2. 招标文件提供了暂估单价的材料，按暂估的单价填入表内"暂估单价"栏及"暂估合价"栏。

工程量清单综合单价分析表（二）　　　　　　　　　　　　　**表 4-63**

工程名称：模拟项目　　　　　　　标段：　　　　第 1 页　　　　　　　共 2 页

项目编码	030212001003	项目名称	照明回路配管 FPC15	计量单位	m

清单综合单价组成明细

定额编号	定额名称	定额单位	数量	单价/元				合价/元			
				人工费	材料费	机械费	管理费和利润	人工费	材料费	机械费	管理费和利润
12-157	半硬质塑料管	100m	1.54	152.84	22.58	—	113.10	235.37	34.77	—	174.17
12-403	接线盒安装（接线盒）	个	23	10.3	8.2	—	7.62	236.9	188.6	—	175.26
12-404	接线盒安装（开关盒）	个	12	10.98	3.79	—	8.13	131.76	45.48	—	97.56
人工单价		小　计						604.03	268.85	—	446.99
元/工日		未计价材料费									
清单项目综合单价								8.59			

材料费明细	主要材料名称、规格、型号	单位	数量	单价/元	合价/元	暂估单价/元	暂估合价/元
	其他材料费			—		—	
	材料费小计			—		—	

注：1. 如不使用省级或行业建设主管部门发布的计价依据，可不填定额项目、编号等；

　　2. 招标文件提供了暂估单价的材料，按暂估的单价填入表内"暂估单价"栏及"暂估合价"栏。

实训三　投标报价的编制

一、投标报价的方式

投标报价是承包商采取投标方式承揽工程项目时，计算和确定承包项目工程的投标总价。如何做出合理、合适的投标报价，是投标人能否中标的关键问题。

自《建设工程工程量清单计价规范》（GB 50500—2003）发布后，我国投标报价的形式有两种：定额计价和工程量清单计价。

二、投标报价的依据

投标报价的依据主要有以下几个方面：

（1）设计图纸及说明。

（2）合同条件，如工期、质量、材料的品质、涉外工程外汇比例的规定。

（3）有关法规。

（4）拟采用的施工方案和进度计划。

（5）施工规范和相关技术说明书。

（6）工程材料和设备的价格的供应方式及价格确定方式。

（7）当地现行的定额。

（8）市场人、材、机的价格。

（9）现行的取费标准及其他相关的结算规定。

（10）施工现场的实际条件。

三、投标报价的原则

《中华人民共和国招标投标法》规定"中标人的投标应符合下列条件之一：（一）能够最大限度地满足招标文件中规定的的各项综合评价标准；（二）能够满足招标文件实质性要求，且经评审的投标报价最低；但是投标价格低于成本除外"，投标报价是决定是否中标的重要的因素，因此投标报价必须做到科学、合理、适当、低价。

思考与练习

1. 编制电气工程施工图预算应注意哪些事项？

2. 工程量清单工程量计算规则与预算定额工程量计算规则有哪些不同？

3. 编制工程量清单应注意哪些事项？

4. 采用工程量清单计价方式计价，确定综合单价时应注意哪些事项？

情境五　建筑电气安装工程竣工结算的编制与审核

任务一　竣工结算准备工作

【引导问题】

1. 什么是竣工结算?
2. 竣工结算文件包括哪些内容?
3. 竣工结算的方式有几种?

【任务目标】

了解竣工结算的依据、结算文件的内容、结算方式。

一、竣工结算的概念和作用

1. 工程竣工结算的概念

工程经竣工结算,承包方将所承包的工程按合同约定全部完成交付之后,同施工单位根据施工过程中实际发生的设计变更、材料代用、现场经济签证等情况,对原施工图预算进行调整修改,重新确定工程造价的技术经济文件。

2. 竣工结算的作用

竣工结算具有以下几方面的作用:

(1) 竣工结算是承包方与业主(发包方)办理工程价款最终结算的依据。

(2) 竣工结算是业主编制工程决算的依据。

(3) 竣工结算是承包主与业主双方签订的建筑安装工程承包合同终结的凭证。

(4) 竣工结算是承包商统计最终完成工程量和竣工面积的依据。

(5) 竣工结算是考核项目及企业盈亏的依据。

3. 竣工结算的原则

工程结算的编制工作是一项细致而严谨的工作,它既要贯彻国家或地方的有关规定,又要实事求是地反映施工企业完成的工程价值,因此,承包单位编制工程结算时,要遵循以下原则:

(1) 凡编制竣工结算的工程,必须是经过交工验收合格的项目,凡未完成的工程、未经验收的工程、质量不合格的工程均不能进行竣工结算,需返工或返修的工程,返工或返修后并经验收合格后方可进行结算。

(2) 坚持实事求是的原则。

(3) 按国家和工程所在地的预算定额、工程费用标准和承包合同的约定进行编制结算。

二、竣工结算文件的内容

竣工结算的内容包括以下几方面：首页、编制说明、工程结算表、附表。

三、竣工结算的方式

（一）施工图预算加签证的方式

这种方式将经过审定的施工图预算作为结算依据。凡在施工过程中发生而原施工图预算不包括的工程项目和费用，经监理和建设单位签证后可以在竣工结算中调整。

调整的内容一般有以下几个方面。

1. 工程量差

工程量差是指由于设变更或设计漏项而发生的增减工程量，设计尺寸和实际尺寸不符而产生的线路、敷设长度的增减量，预见不到的增加量，如在施工过程中出现的线路的走向变更等问题，由于预算人员疏忽而造成的量差错误等，这些量差按合同约定根据现场签证记录人调整（招标投标报价中的由投标人疏忽的漏项的内容应视同含在投标报价之中，此项不能调整）。

2. 价差

价差是指由于材料代用或材料价格变化等原因形成的价差，一般有些地区规定地方材料和市场采购材料由施工单位按预算包干；建设单位供应的材料按预算价格供给施工单位的，在工程结算时不作调整，其价由建设单位单独核算，在工程结算时，摊入成本。由施工单位采购的材料价差，按合同中的约定办法调整，合同未约定的双方经洽商可按当地现行的结算办法调整。

3. 费用调整

费用调整是指由于工程量的增减超过合同（协议书）规定的幅度，需相应调整应取的各项费用。

4. 结算文件的变化

结算文件的变化是指由于结算文件的调整、变更而引起的工程造价的变化。如人工费调整、费率调整，或其他有强制性的规定等。

（二）施工图预算加系数包干的方式

这种结算方式事先由有关单位共同商定包干系数，编制施工图预算时，乘上一个不可预见费的包干系数。如果发生包干范围以外增加项目，如增加建筑面积、提高原设计标准、改变工程局部的使用功能等，必须由双方协商同意后方可变更，并随填写工程变更结算单，经双方签证作为结算工程价款的依据。

（三）平方米包干的结算方式

平方米包干结算方式与"施工图预算加签证"的方式比较，手续简便，但适用范围有一定的局限性。

（四）招标投标的结算方式

招标的标底与投标报价都是以施工图预算为基础核定的，中标后，招标单位与中标人按照中标价格（有时不是中标报价）、承包方式、范围、工期、质量、双方责任、付款方式、奖惩办法等内容签订承包合同，合同确定的工程造价就是结算价格。除了因奖惩发生的费用，包干范围外增加的项目应另行计算。原合同确定的工程造价不变。

任务二　竣工结算的编制工作

【引导问题】

1. 竣工结算有哪些依据？
2. 如何编制竣工结算？

【任务目标】

了解竣工结算的依据、竣工结算编制的方法和步骤；能够应用定额或工程量清单计价规范、工程竣工资料等编制工程竣工结算。

一、竣工结算编制的依据

编制竣工结算除应具备全套的竣工图纸、预算定额、地区单位估价表、地区材料预算价格、费用计取标准及调整价差（人工、材料、机械）等有关规定外，根据不同的承包方式，还必须具备以下资料作为依据：

(1) 工程合同。

(2) 施工图预算书。

(3) 设计变更通知单。设计变更通知单是指在施工过程中，由设计单位为设计变更而发出的通知单，它包括因业主意图改变而改变，或因工程具体情况的变化而提出修改，经设计单位同意的设计修改通知书。

(4) 施工技术问题核定单。施工技术问题核定单是指在施工过程中，由施工单位根据施工具体情况提出的施工技术问题的书面意见或建议（需由建设单位和设计单位认可并汇签）。

(5) 施工现场签证记录。施工现场签证记录是指施工过程中由于小修小改而耗用的工料及其他资源的记录，它是施工单位现场施工技术员根据实际发生情况提出，由监理单位、建设单位代表签字同意，作为结算依据。

(6) 停窝工报告。停窝工报告是指因临时停水、停电、监理单位拖延中间验收，或因设计变更、材料改变使材料正常供应受到影响等非承包方原因造成的施工过程暂时停工的报告。

(7) 隐蔽工程验收单。

(8) 材料代用核定单。

(9) 分包单位或附属单位提出的分包工程结算书。

(10) 材料预算价格变更文件。

(11) 经双方协商同意并办理签证的应列入工程结算的其他事项。

二、竣工结算的编制

（一）进度结算的编制

1. 进度结算

工程进度结算是承包商根据合同约定，按规定的时间依据工程形象进度及投标报价/施工图预算编制的阶段性工程结算。

2. 进度结算的作用

是支付工程进度款的主要依据。

3. 进度结算的编制方法

按工程实际形象进度核定工程项目及工程量，以投标文件中投标报价定额项目及价格构成依据进行编制。

（二）单位工程竣工结算编制程序

1. 收集、整理、熟悉有关竣工结算的原始资料

竣工结算的原始资料是编制竣工结算的依据，必须收集齐全，在收集时必须深入细致，进行必要的归纳整理，一般按分部分项顺序进行。

2. 深入现场，对照观察竣工工程

根据原有图纸，对竣工工程必须实行实际丈量和计算，并做好记录，如工程的做法与原设计有出入时，也应作好记录，在编制竣工结算时，本着实事求是的原则，对有出入的部分进行调整。

3. 认真核对有关原始资料，计算调整工程量

根据原始资料和对竣工工程核对的结果，计算增加或减少工程量，这些增加或减少的工程量既有可能是设计变更和设计修改引起的，也可能是其他原因造成的，对这些原因造成的现场签证项目，都应一一计算工程量。如果设计变更和设计修改的工程量较多，且影响又大时，可将所有的工程量按设计变更和设计修改后的设计重新计算工程量。

4. 套用定额基价计算结算造价

套定额计算结算造价包括下列工作：

（1）原施工图预算直接费。

（2）计算调增部分直接费。按调增部分工程量查套定额基价，求出调增部分的直接费。用"调增小计"标注（或将调增部分集中计算）。

（3）计算调减部分直接费。按调减部分工程量查套定额基价，求出调减部分的直接费。用"调减小计"标注（或将调增部分集中计算）。

（4）计算竣工结算工程量按下式计算：

$$竣工结算直接费＝原预算直接费＋调增小计－调减小计$$

（5）计算价差（材差、人工费价差等）。

（6）按取费标准计算其他各项费用。

（7）复核、装订、送审、定案。

三、竣工结算的方法

（一）投标报价以定额计价方式的结算

（1）如果变动较大，按施工图预算的编制方法重新编制。

（2）如果变动不大，则只做修改或补充。以原工程施工图预算为准加减工程

变更的费用，计算竣工结算的直接费的方法。

$$竣工结算直接费＝原直接费\pm调整小计$$

根据取费标准计算出结算工程造价即可。

（二）投标报价以清单计价方式的竣工结算编制

招标范围（或合同范围）内的，投标报价的综合单价与工程量之积计算分部分项工程费用。合同外的项目或工程量清单补充项目，按合同约定条款，确定相应项目综合单价以及计算工程造价。

（三）工程结算应注意的事项

（1）合同有关签证的计价办法。

（2）关于设计变更及技术联系单的核查。

（3）价差是否调整。

（4）现行结算文件是否执行。

（5）合同中有关结算的规定，未计价项目如何处理。

任务三　工程预结算的审核

【引导问题】

1. 竣工结算审核的依据有哪些？

2. 如何审核竣工结算？

【任务目标】

了解工程预结算的审核依据、审核程序及审核报告格式。掌握工程预结算审核方法和步骤。具备工程造价人员的职业能力及职业道德。

一、预结算审核目的

1. 建筑安装工程预结算审核的目的

审核的目的是确定工程投资额，为工程招标、建设单位拨款提供依据。工程结算审核主要审定竣工工程造价的准确性，为建设单位与施工单位办理竣工结算、建设单位向国家有关部门办理竣工决算提供可靠依据。

2. 审核部门

工程的预算结算工作由发包方和承包方之间的中介机构来审核。中介机构必须是取得工程造价咨询单位资质证书、具有独立法人资格的企、事业单位。

二、工程预结算审核的依据

审核的主要依据有如下几方面。

1. 工程承包合同

工程承包合同是指建设工程施工合同文件。合同中约定承包方式、承包范围、合同价款的确定方式、材料设备的供应及价格确定方式、费用费率的标准、工程价款调整因素及调整办法、材料及设备的采购合同相关协议、会议纪要（承包范围变更、工程质量标准变更、工期变更、工程量变更）等。

2. 合同文件的组成

合同文件的组成包括：合同协议书、工程变更、中标通知书、投标书、标准规范及技术文件图纸、工程量清单。

3. 技术文件

技术文件是指工程竣工图、工程竣工档案、工程量清单（图纸会审、技术交底、设计变更、技术签证及各类签证文件）、相关施工与验收规范、标准图集、设备及器材等说明书等。

4. 经济文件

经济文件是指工程预算定额、费用定额及主管部门颁发的有关工程款结算的办法、价差的调整办法等文件，包括：预算定额、费用定额、地方预（结）算单价表、建设工程材料预算价格表。

5. 参考文件

三、工程（预）结算审核的形式

工程（预）结算审核有 3 种形式。

（1）单独审核：按照次序分别为由施工单位内部自审核定、建设单位（工程监理单位代理）复审、工程造价中介机构审定。

（2）联合会审：建设单位、设计单位、工程造价管理部门、中介机构共同审核。

（3）委托审核：由建设单位直接委托工程造价中介机构审核。

四、审核内容

工程预结算审核的主要内容有：分部分项工程内容、工程量、定额套用、材料价格、设备价格、直接费、间接费（费率计取的依据）、税金等计算。

1. 分部分项工程项目的审核

审核其项目的准确性分为以下两个方面。

（1）单位工程与单位工程之间有无多项重复项目。一个单项工程（预）结算是由若干个单位工程（预）结算组成，某些工程内容从专业上很难从具体的空间划分，施工过程中工作内容的划分以合理施工为准则，从而有可能同一工作内容既可以含在土建工程内容，又可以含在安装工程或其他单位工程中，这是造成重复列项的主要原因。

（2）分部分项工程项目有无多项、重复和缺项。多项是指不在设计文件之内的项目或设计文件中虽然包括但在承包范围中不含的工程项目，如果列入预结算中则为多项。审核工程项目是否包括全部发包范围的工作内容，如果所列工程项目工作内容包括所列的另一部分工作项目，后者为重复内容。

2. 审核工程量的准确性

审核工程量的准确性主要依据工程施工图、竣工图和工程量计算规则进行，对所列的工程量计算核对时，如果发现有误，应更正。

3. 定额套用的审核

审核定额套用主要是核对定额套用的正确性，有无高套、错套现象，定额的换算是否合理准确。

4. 直接费的审核

直接费的审核主要审核分部分项工程的直接费小计的准确性，单位工程直接费的准确性。

5. 材料价格的审核

依据地方材料预算价格及地区有关部门的规定，以材料价格进行核定，如合同中的双方约定条款中对材料的供应方式及价格有约定，则执行合同约定。合同约定价格的方式：执行预算价格、执行造价信息价格、执行双方约定价。

6. 工程费用的审核

审核工程费用的主要审核计算过程是否准确，费用计取是否有依据、是否合理。

五、审核方法

工程预结算的审核主要有以下 3 种方法。

1. 全面审核法

全面审核法是对预结算全方面的审核，其作法与编制施工图预算相同。其特点是：审查全面、造价准确、审核人员工作量大、所用的时间较长。

2. 重点审核法

重点审核法是指主要针对工程造价影响较大的项目、重点项目、工程量计算复杂、定额缺项多，容易出错或弄虚作假项目，而价值相对较低的可以粗略审查。审查中发现的问题应经协商后方能定案。

3. 分析对比审核

分析对比审核是指所审核的项目与收集、掌握的现行同类的或相似的项目进行比较的审核方式。特点是：所用时间较短，简单易行，准确性不如重点审核法。适用于技术简单，规模较小的工程，如多层的民用建筑。但是由于目前市场材料价格波动较大，建设地点不同、施工单位的管理水平及装备的不同都会影响审核结论，因此，这种方法使用受到一定的限制。

六、审核程序

1. 审核准备工作

（1）熟悉送审资料（见结算编制依据）。

（2）收集技术资料（见结算编制依据）。

（3）了解现场情况，熟悉施工方案、现场各种签证、会议纪要、与分供应方的合同协议书。

（4）熟悉工程造价的相关法规及文件。

2. 确定审核方法

根据工程的特点和其他的情况，确定采用的审核方法。

3. 审核计算

审核的计算内容同审核内容，在审核的过程中，将发现的问题进行分类记录。

4. 审核单位与施工单位交换审核意见

5. 审核定案

根据双方确认的结果，将出现的问题更正，出具审核报告，由施工单位签字盖章，审核单位加盖资质证印章。

七、审核的注意事项

(1) 合同中的发包范围：一个单项工程是否由多个承包商承包。

(2) 对于同一分部分项有多次设计变更的，变更是否实施应与竣工资料核对。

(3) 合同文件对合同价格调整的条件及价格确定的方法。

(4) 材料和设备的认质认价。

(5) 易出现问题的工程量差。

(6) 列项的重复。

(7) 定额的高套及错套。

(8) 图纸比例的核算。

(9) 实物工程的核验。

附××福利院工程项目审核报告

×市×社会福利院道里分院
工程结算审核报告
×咨询基报字（2009）第 005 号

×市×区财政局：

　　×××工程造价咨询有限责任公司接受贵局委托，对财政投资的建设项目——×市×社会福利院工程结算进行了审核，目前审核工作已完成，现将审核情况报告如下：

一、基本情况

（一）项目概况

1. 工程名称：×市×福利院工程

2. 工程地点：××路 18km 处

3. 开工日期：2007 年 7 月 20 日

4. 竣工日期：2008 年 8 月 18 日

5. 建设单位：民政局

6. 设计单位：规划设计研究院

7. 监理单位：轻工建设监理有限公司

8. 施工单位：×××集团股份有限公司××分公司

（二）工程概况

本次审核的为×市第×福利院一期工程，位于机场路 18km 处。项目总建筑面积 10 640.07m²，总占地面积 22 517m²。该工程在整个建设过程中遵循了基本建设的先后次序，从编制项目建议书、可行性研究报告到设计工作阶段、建设实施阶段均有步骤、有计划，为工程顺利进行提供了保障。福利院一期工程在施工准备阶段，民政局委托××国际招标有限责任公司对×市×社会福利院项目进行了公开招标，承包方式为建筑工程施工总承包，×××建筑集团股份有限公司以最低报价中标。

1. 福利院主楼

（1）建筑概况：福利院主楼建筑面积 9 369m²。现浇钢筋混凝土框架结构。主体 7 层，局部 3 层。建筑总高 23.98m，1 层高 4.1m，2 层层高 3.6m，3 层至 7 层 3.2m。

楼地面：门厅前室及楼梯间为花岗岩地面，走廊为水磨石地面，居室为复合地板，厨房及卫生间为瓷砖地面。

顶棚：门厅前室为轻钢龙骨石膏板造型吊棚，走廊为矿棉板吊棚，卫生间及浴室为扣板吊棚，居室为乳胶漆棚顶。

墙面：外墙贴外墙砖，局部玻璃幕墙，室内卫生间及浴室为釉面砖，其他房间为乳胶漆涂料。

（2）结构概况：基础为夯扩桩，主体全部为现浇钢筋混凝土板、柱、梁框架结构。外墙±0.00 以下为 370mm 厚实心黏土砖，外墙±0.00 以上为 300mm 厚陶粒混凝土砌块墙加 80mm 厚苯板保温，内墙为 100mm 或 200mm 厚陶粒混凝土砌块隔墙。

2. 车库

（1）建筑概况：车库建筑面积 793.20m²（其中：地上 452.72m²，地下 340.48m²）。建筑总高 4.8m，1 层 4.2m，地下为 3.6m。地面为水泥砂浆面层，墙面及天棚为水泥砂浆抹灰刷乳胶漆涂料。

（2）结构概况：基础为钢筋混凝土条形基础，结构形式为砖混结构。±0.00 以下采用实心黏土砖，室外地面以下以 SBS 防水卷材外包 80mm 厚挤塑板保温，±0.00 以上外墙为 370mm 厚黏土承重空心砖墙加 80mm 厚苯板保温。

3. 锅炉房

（1）建筑概况：锅炉房建筑面积为 477.87m²，建筑总高度为 6.3m。地面为水泥砂浆面层，墙面及天棚为水泥砂浆抹灰刷乳胶漆涂料。

（2）结构概况：基础为钢筋混凝土条形基础，结构形式为砖混结构，外墙为 490mm 厚实心黏土砖墙，内隔墙为 240mm 空心砖墙，局部为 370mm 厚空心砖墙。

4. 场区配套工程

（1）消防水池：钢筋混凝土结构，贮水容积 400m³。

（2）化粪池：预制拼装组合式钢筋混凝土结构，容积 238m³。

（3）围墙：临机场路一侧围墙长约为 140m，红砖砌筑基础及砖垛，空心部位由 GRC 构件装饰。其余砖墙总长约 250m，墙体为 240mm 厚黏土砖墙。

本次工作我们的责任是对施工单位编制的工程结算进行审核，并发表审核意见。

二、审核依据和审核程序及方法

（一）审核依据

（1）建设项目投资评审通知单。

（2）招标代理单位编制的《×市×社会福利院工程》施工招标文件、施工单位编制的投标书。

（3）全部工程竣工设计图纸及设计变更和现场签证。

（4）施工单位编制的工程结算书。

（5）双方签订的施工合同。

（6）省建委颁发的2000年《全国统一市政工程预算定额××省估价表》。

（7）省建设委员会颁发的2000年《××省建设工程预算定额》。

（8）×××市建设委员会颁发的2006年《××黑龙江省建设工程预算定额及消耗量定额××市单价表》。

（9）省建委颁发的2007年《××省建筑安装工程费用定额》及省、市建委颁发的有关结算文件。

（10）×××市建筑材料市场价格信息表。

（二）审核程序及方法

根据《独立审核基本准则》的要求并充分考虑该项工程实际情况，我公司制定了《×市×社会福利院工程审核方案》。在方案中制定了审核程序并对审核的具体方式、方法都作了认真详细的部署，并要求每一位审核人员在工作中都要具有遵守职业道德、坚持原则、实事求是、客观公正的工作作风。

三、审核结论

依据审核方案中制订的审核程序及方法，我们作出如下审核结论（见表5-1）：

（1）送审金额：27 146 390.76元。

（2）审定金额：23 236 877.32元。

（3）审减金额：3 909 513.44元。

（4）审减比率：14.4%。

单位工程费用汇总表　　　　　　　　　　　　　　　　表 5-1

序　号	工程项目名称	送审金额	审定金额	审减金额
一	主楼工程	18 842 220.39	15 958 414.03	2 883 806.36
二	车库工程	2 749 401.82	2 293 684.52	455 717.30
三	锅炉房工程	1 093 169.15	966 729.61	126 439.54
四	场区配套工程	4 461 599.40	4 018 049.16	443 550.24
	合　　计	27 146 390.76	23 236 877.32	3 909 513.44

四、工程结算审减原因说明

本次工程结算审核净审减额合计 3 909 513.44 元，审减原因主要有以下几项：

1. 工程量计算有误

本次审核的工程项目计价方式主要是工程量清单方式计价，附属配套工程是以定额方式计价，故本次结算审核的重点为工程量计算的准确性。主体土建工程量的计算较为准确，仅部分工程量存在误差，如钢筋工程量、墙体砌筑工程量、混凝土浇筑工程量等；水电工程量误差较大，如管道敷设、电缆（线）敷设、钢构件制作安装等，因工程量误差审减约 221 万元。

2. 扣减未施工项目

施工单位报审结算中没有扣减未施工项目费用，如主楼地沟原设计为钢筋混凝土地沟，在实际施工中变更为砖砌地沟，施工单位报审结算中未扣减投标书内原设计钢筋混凝土地沟造价。电气照明及综合布线中的管线敷设中部分管线未施工。审核人员对未施工项目的费用给予审减，未施工项目造价约 36 万元。

3. 材料费、人工费差价计取有误

依据双方签订的施工合同，材料费差价及人工费差价调整方式为：材料及人工费差价超过±10％时才可调整，并且仅调整±10％以上部分，而部分报审结算是按全部差价进行调整。对没按合同约定调整的结算，审核人员给予更正，此项审减约 52 万元。

4. 不应计取费用

弱电工程中的设备购置、安装及布线工程承发包双方签订的是固定总价合同，而报审结算中在没有变更的情况下施工单位按可调价格方式进行结算。审核结算人员按合同约定的结算方式给予更正，对多计的工程费用全部审减，此项审减约 37 万元。

5. 未按规定计取各项规费

××集团股份有限公司未按省造价管理部门发布的施工企业规费计取标准计取危害作业意外伤害保险费、社会保险费、工伤保险费、住房公积金、工程排污费、生育保险费等项规费，审核算人员对未按规定多计取的费有给予审减。另对没有省造价管理部门核定各项规费费率的并且无法提供缴纳规费证明的大庆建筑安装集团有限公司哈尔滨分公司计取的各项规费给予全部审减，此项审减 16 万元。

附件：

1. 工程项目审核汇总表
2. 基本建设工程结算审核定案表
3. 建筑安装工程审核明细表
4. 审核单位资质证书
5. 审核人员资质证书

注册造价工程师：

工程师：

×××工程造价咨询有限责任公司

2009 年 4 月 3 日

单位地址××市××区××街 2-11 号

电话：

传真：

邮编：

实训——审核情境四的施工图预算

思考与练习

1. 作为工程造价人员应掌握哪些基本理论知识，应具有哪些职业能力、职业精神与职业道德？

2. 审核电气预算与审核电气工程结算的依据是否相同？

3. 审核工程预结算应注意哪些事项？

附　录

监 A-01

编号：

施工组织设计（施工方案）报审表

工程名称：

承包单位：

致监理单位：_____
现报上_____工程_____施工组织设计（方案），已经我单位总工程师及有关部门审查批准，请予以审定。 附件：   承包单位_____　项目技术负责人_____　日期_____
监理工程师审查意见：   监理工程师_____日期_____
总监理工程师审查意见：   总监理工程师_____日期_____

本表一式三份，建设单位、监理单位、承包单位各一份。

黑龙江省建设监理协会监制

191

监 B-02

编号：

工程质量检验认可书

工程名称：　　　　　　　　　　　　　　　　　　　　　　　　　　监理单位：

致承包单位：＿＿＿＿＿＿＿＿

第＿＿＿＿＿＿＿＿＿号工程质量报验单所报＿＿＿＿＿＿＿＿＿＿＿＿＿＿＿＿＿＿＿＿＿

（工程项目内容）

＿＿＿＿＿＿＿＿＿＿＿＿＿＿＿＿＿＿＿＿＿＿＿＿＿＿＿＿＿＿＿＿＿＿＿＿＿＿＿

＿＿＿＿＿＿＿＿＿＿＿＿＿＿＿＿＿＿＿＿＿＿＿＿＿＿＿＿＿＿＿＿＿＿＿＿＿＿＿

＿＿＿＿＿＿＿＿＿＿＿＿＿＿＿＿＿＿＿＿＿＿＿＿＿＿＿＿＿＿＿＿＿＿＿＿＿＿＿

＿＿＿＿＿＿＿＿＿＿＿＿＿＿＿＿＿＿＿＿＿＿＿＿＿＿＿＿＿＿＿＿＿＿＿＿＿＿＿

＿＿＿＿＿＿＿＿＿＿＿＿＿＿＿＿＿＿＿＿工程，经查验确认为合格（优良）。

监理工程师＿＿＿＿＿＿日期＿＿＿＿＿＿总监理工程师＿＿＿＿＿＿日期＿＿＿＿＿＿

本表一式三份，建设单位、监理单位、承包单位各一份。

黑龙江省建设监理协会监制

附录表-3

监 A-08

编号：

工程质量报验单

工程名称：　　　　　　　　　　　　　　　　　　　　　　　承包单位：

致监理单位：＿＿＿＿＿＿＿＿＿＿＿

按合同、设计和有关技术标准要求，已完成＿＿＿＿＿＿＿＿＿＿＿＿，并经自检合格（不合格），报请查验。

附件：自检资料（分项、分部、单位质量评定表及相应质量保证资料）

承包单位＿＿＿＿＿＿＿＿＿＿　项目负责人＿＿＿＿＿　日期＿＿＿＿＿

监理审查意见：

监理工程师＿＿＿＿＿　日期＿＿＿＿＿　总监理工程师＿＿＿＿＿　日期＿＿＿＿＿

附注：合格工程由监理工程师另发工程检验认可书。

本表一式三份，建设单位、监理单位、承包单位各一份。

黑龙江省建设监督、协会监制

193

监 A-14

编号：

承包单位申报表（通用）

工程名称：　　　　　　　　　　　　　　　　　　　　　　　　　　承包单位：

致监理单位：＿＿＿＿＿＿＿＿＿＿＿＿＿

申报内容：＿＿＿＿＿＿＿＿＿＿＿＿＿＿＿＿＿＿＿＿＿＿＿＿＿＿＿

＿＿＿＿＿＿＿＿＿＿＿＿＿＿＿＿＿＿＿＿＿＿＿＿＿＿＿＿＿＿＿＿＿

＿＿＿＿＿＿＿＿＿＿＿＿＿＿＿＿＿＿＿＿＿＿＿＿＿＿＿＿＿＿＿＿＿

＿＿＿＿＿＿＿＿＿＿＿＿＿＿＿＿＿＿＿＿＿＿＿＿＿＿＿＿＿＿＿＿＿

＿＿＿＿＿＿＿＿＿＿＿＿＿＿＿＿＿＿＿＿＿＿＿＿＿＿＿＿＿＿＿＿＿

附件：

承包单位＿＿＿＿＿＿＿＿　项目负责人＿＿＿＿＿＿　日期＿＿＿＿＿

监理审查意见：

监理工程师＿＿＿＿＿＿　日期＿＿＿＿＿＿　总监理工程师＿＿＿＿＿＿　日期＿＿＿＿＿＿

　　附注：本表适用于没有专用表格，根据合同规定和监理要求又必须向监理工程师提出的申请、报审、请批、请示、申报和报告等。

本表一式三份，建设单位、监理单位、承包单位各一份。

黑龙江省建设监协会监制

194

以下节选《黑龙江省建筑工程施工质量验收标准》（DB23）中的验收记录

成套配电柜、控制柜（屏、台）和动力配电箱（盘）安装工程检验批施工质量验收记录（一）

表8.4.1-1　　　　　　　　　　　　　　H060202（□□□□□□）□□

工程名称				检验部位		
施工单位				分包单位		
总包项目经理		分包项目经理		专业工长（施工员）		施工班组长
施工执行标准名称及编号						

验收项目及要求			施工单位检验意见	合格率（％）	监理（建设）单位验收意见
主控项目	1	柜、屏、台、箱、盘接地（PE）或接零（PEN）可靠，装有电器的可开启门，门和框架用裸编织铜线或软导线连接			
	2	柜、屏、台、箱、盘的电击保护导线的最小截面不小于本标准8.2.2表的规定			
	3	手车、抽出式成套配电柜推拉灵活，无卡阻碰撞现象，动触头与静触头中心线一致，触头接触紧密			
	※4	高压成套配电柜内装置交接试验应符合本标准8.2.4的规定			
	5	低压成套配电柜的交接试验	每路配电开关及保护装置的规格、型号、符合设计要求		
			相间和相对地的绝缘电阻值＞0.5MΩ		
			交流工频耐压试验采用兆欧表摇测		
一般项目	1	柜、屏、台、箱、盘线间对地绝缘电阻值：馈电线路＞0.5MΩ，二次回路＞1MΩ			
	2	柜、屏、台、箱、盘二次回路交流工频耐压试验，用2500V和1000V兆欧表摇测，无闪络现象			
	3	直流屏试验			
施工单位检验结果		项目质量检查员： 　　　　年　月　日	监理（建设）单位验收结论	监理工程师 （建设单位项目技术负责人）： 　　　　年　月　日	

成套配电柜、控制柜（屏、台）和动力配电箱（盘）安装工程检验批施工质量验收记录（二）

表 8.4.1-2　　　　　　　　　　　　　　　H060202（□□□□□□）□□

工程名称			检验部位		
施工单位			分包单位		
总包项目经理		分包项目经理	专业工长（施工员）		施工班组长
施工执行标准名称及编号					

		验收项目及要求		施工单位检验意见	合格率（%）	监理（建设）单位验收意见
一般项目	1	柜、屏、台、箱、盘相互间或与基础型钢应用镀锌螺栓连接，且防松零件齐全				
	2	柜、屏、台、箱、盘内检查试验应符合本标准 8.3.2 的规定				
	3	低压电器组合应符合本标准 8.3.3 的规定				
	4	柜、屏、台、箱、盘间配线及二次回路连线绑扎应符合本标准 8.3.4 的规定				
	5	连接柜、屏、台、箱、盘可动部位配线，应符合本标准 8.3.5 的规定				
	6	基础型钢安装偏差	项目	允许偏差 mm/m	允许偏差 mm/全长	实测偏差（mm）
			不直度	1	5	
			水平度	1	5	
			不平行度	—	5	
	7	柜屏安装偏差	垂直度允许偏差为 1.5‰			
			相互间接缝≤2mm			
			成列盘面偏差≤5mm			

施工单位检验结果	项目质量检查员： 　　　　年 月 日	监理（建设）单位验收结论	监理工程师（建设单位项目技术负责人）： 　　　　年 月 日

附录表-7

电缆钢导管、防爆钢导管敷设工程检验批施工质量验收记录

表 20.4.1　　　　　　　　　　　H060305（□□□□□□）□□

工程名称				检验部位			
施工单位				分包单位			
总包项目经理		分包项目经理		专业工长（施工员）		施工班组长	
施工执行标准名称及编号		企业标准 HHD0602—2003					

		验收项目及要求	施工单位检验意见	合格率（%）	监理（建设）单位验收意见
主控项目	※1	金属导管严禁对口熔焊连接；镀锌和壁厚≤2mm的钢导管不得套管熔焊连接			
	2 钢管连接	镀锌钢导管螺纹连接，连接处的两端应做跨接接地线，严禁熔焊接接地线			
		非镀锌钢导管螺纹连接，连接处的两端焊跨接接地线			
		跨接线为黄绿相间色的铜芯软导线且截面积 4mm²			
	3	防爆钢导管不应采用倒扣连接，应采用防爆活接头，接合面应严密			
一般项目	1	非镀锌钢导管内、外壁应防腐处理；埋于混凝土内的导管内壁应防腐处理，外壁可不防腐处理			
	2	室外埋地敷设电缆导管，埋深≥0.7m			
	3	室外导管和管口应设置在盒、箱内；管口排列有序，管口高出基础面50～80mm，管口应做密封处理			
	4	电缆导管的弯曲半径，符合本标准表20.3.4的规定			
	5 防爆管敷设	导管间及器具间螺纹连接处紧密牢固，涂电力复合酯或导电性防锈酯			
		安装牢固顺直，镀锌层锈蚀或剥落处做防腐处理			
	6	电缆钢导管在建筑物变形缝处应设补偿装置			

施工单位检验结果	项目质量检查员：　　　　　　年 月 日	监理（建设）单位验收结论	监理工程师（建设单位项目技术负责人）：　　　年 月 日

197

电缆沟内和电缆竖井内电缆敷设工程检验批施工质量验收记录

表 16.4.1　　　　　　　　　　　　　　　　　H060404（□□□□□□□）□□

工程名称				检验部位		
施工单位				分包单位		
总包项目经理		分包项目经理		专业工长（施工员）		施　工班组长
施工执行标准名称及编号						

验收项目及要求			施工单位检验意见	合格率（%）	监理（建设）单位验收意见
主控项目	※1	金属电缆支架、电缆导管必须接地（PE）或接零（PEN）可靠			
	2	电缆敷设严禁有绞拧、铠装压扁、护层断裂和表面严重划伤等缺陷			
一般项目	1	电缆桥架安装	电缆支架上、下距离符合本标准17.3.1规定		
			当设计无要求时，电缆支架层间最小允许距离符合本标准表17.3.1规定		
			电缆支架焊接固定时，焊缝饱满；膨胀螺栓固定，连接坚固，防松零件齐全		
	2		电缆转弯处弯曲半径，符合本标准表17.3.2的规定		
	3	电缆敷设固定	垂直或>45°倾斜敷设的电缆在每个支架上固定		
			固定夹具不形成闭合铁磁回路		
			电缆支持点间距，不大于本标准表17.3.3-1的规定		
			电缆与管道最小净距，符合本标准表17.3.3-2的规定		
			电缆沟和竖井按设计要求位置，有防火隔堵措施		
	4	电缆沟的首端、末端和分支处应设标识牌			

施工单位检验结果	项目质量检查员： 　　　　　年　月　日	监理（建设）单位验收结论	监理工程师（建设单位项目技术负责人）： 　　　　　年　月　日

电缆头制作、接线和线路绝缘测试工程检验批施工质量验收记录

表 28.4.1　　　　　　　　　　　　　　H060307（□□□□□□□）□□

工程名称					检验部位			
施工单位					分包单位			
总包项目经理			分包项目经理		专业工长（施工员）			施工班组长
施工执行标准名称及编号		黑龙江省建筑安装工程施工技术操作规范（DB 23/723—2003）						

验收项目及要求			施工单位检验意见	合格率（％）	监理（建设）单位验收意见
主控项目	※1	高压电力电缆直流耐压试验必须符合国家标准 GB 50150—2006 的规定			
	2	低压电线和电缆，线间和线对地间的绝缘电阻必须＞0.5MΩ			
	3	铠装电力电缆头接地线，必须采用铜绞线或镀锡铜编织线，截面不小于本标准 28.2.3 的规定			
	4	电线电缆接线必须准确，并联运行电线或电缆的型号、规格、长度、相位应一致			
一般项目	1 芯线与设备连接	≤10mm²单股铜（铝）芯线直接与设备、器具的端子连接			
		≤2.5mm²多股铜芯线拧紧搪锡或接续端子后与设备、器具的端子连接			
		＞2.5mm²多股铜芯线接续端子后与设备或器具的端子连接			
		多股铝芯线接续端子后与设备、器具的端子连接			
		每个设备和器具的端子接线不多于2根			
	2	电线电缆连接不得采用开口端子			
	3	电线、电缆的回路标记应清晰，编号准确			
施工单位检验结果		项目质量检查员． 年　月　日	监理（建设）单位验收结论	监理工程师（建设单位项目技术负责人）： 年　月　日	

建筑电气分部工程施工质量验收记录

表 3.1.41　　　　　　　　　　　　　　　　　　　　　　　　　　　　H06（□□）

工程名称			结构类型		层　数	
施工单位			技术部门负责人		质量部门负责人	
			项目技术负责人		项目质量负责人	
分包单位			分包单位负责人		分包技术负责人	
序号	子分部工程名称	分项工程名称	施工单位检验意见		验收意见	
1						
2						
3						
4						
5						
6						
7						
施工质量控制资料核查						
安全和功能检验资料核查及主要功能抽查						
施工观感质量检查评价						
检验验收单位	施工单位					
		项目经理：			（公章） 年　月　日	
	监理（建设）单位					
		总监理工程师： （建设单位项目负责人）：			（公章） 年　月　日	

参 考 文 献

[1] 吕光大主编. 建筑电气安装工程图集 [M]. 北京：水利电力出版社，1994.
[2] 韩永学主编. 建筑电气工程概预算 [M]. 哈尔滨：哈尔滨学工业大学出版社，2005.
[3] 韩永学主编. 建筑电气施工技术 [M]. 北京：中国建筑工业出版社，2004.
[4] 黑龙江省建设工程预算定额（电气上、下册） [S]. 哈尔滨：黑龙江科学技术出版社，2000.
[5] 黑龙江省建筑安装工程费用定额 [S]. 哈尔滨：东北林业大学出版社，2007.
[6] 建设工程工程量清单计价规范 [S]. 北京：中国计划出版社，2008.
[7] 杨光臣主编. 建筑电气工程识图·工艺·预算 [M]. 北京：中国建筑出版社，2001.
[8] 黑龙江省建筑工程施工质量验收标准（DB 23） [S]. 哈尔滨：黑龙江省建设厅，黑龙江省技术监督局联合发行，2003.

尊敬的读者：

感谢您选购我社图书！建工版图书按图书销售分类在卖场上架，共设22个一级分类及43个二级分类，根据图书销售分类选购建筑类图书会节省您的大量时间。现将建工版图书销售分类及与我社联系方式介绍给您，欢迎随时与我们联系。

★建工版图书销售分类表（详见下表）。

★欢迎登陆中国建筑工业出版社网站www.cabp.com.cn，本网站为您提供建工版图书信息查询，网上留言、购书服务，并邀请您加入网上读者俱乐部。

★中国建筑工业出版社总编室　电　话：010—58337016

传　真：010—68321361

★中国建筑工业出版社发行部　电　话：010—58337346

传　真：010—68325420

E-mail：hbw@cabp.com.cn

建工版图书销售分类表

一级分类名称（代码）	二级分类名称（代码）	一级分类名称（代码）	二级分类名称（代码）
建筑学 （A）	建筑历史与理论（A10）	园林景观 （G）	园林史与园林景观理论（G10）
	建筑设计（A20）		园林景观规划与设计（G20）
	建筑技术（A30）		环境艺术设计（G30）
	建筑表现·建筑制图（A40）		园林景观施工（G40）
	建筑艺术（A50）		园林植物与应用（G50）
建筑设备·建筑材料 （F）	暖通空调（F10）	城乡建设·市政工程· 环境工程 （B）	城镇与乡（村）建设（B10）
	建筑给水排水（F20）		道路桥梁工程（B20）
	建筑电气与建筑智能化技术（F30）		市政给水排水工程（B30）
	建筑节能·建筑防火（F40）		市政供热、供燃气工程（B40）
	建筑材料（F50）		环境工程（B50）
城市规划·城市设计 （P）	城市史与城市规划理论（P10）	建筑结构与岩土工程 （S）	建筑结构（S10）
	城市规划与城市设计（P20）		岩土工程（S20）
室内设计·装饰装修 （D）	室内设计与表现（D10）	建筑施工·设备安装技术（C）	施工技术（C10）
	家具与装饰（D20）		设备安装技术（C20）
	装修材料与施工（D30）		工程质量与安全（C30）
建筑工程经济与管理 （M）	施工管理（M10）	房地产开发管理（E）	房地产开发与经营（E10）
	工程管理（M20）		物业管理（E20）
	工程监理（M30）	辞典·连续出版物 （Z）	辞典（Z10）
	工程经济与造价（M40）		连续出版物（Z20）
艺术·设计 （K）	艺术（K10）	旅游·其他 （Q）	旅游（Q10）
	工业设计（K20）		其他（Q20）
	平面设计（K30）	土木建筑计算机应用系列（J）	
执业资格考试用书（R）		法律法规与标准规范单行本（T）	
高校教材（V）		法律法规与标准规范汇编/大全（U）	
高职高专教材（X）		培训教材（Y）	
中职中专教材（W）		电子出版物（H）	

注：建工版图书销售分类已标注于图书封底。